蔬食營養專家量身打造，
逾 100 道植物性、無麩質、無精製糖西式料理

100%
全植蔬食饗宴

EAT WELL, BE WELL

100+ HEALTHY RE-CREATIONS OF THE FOOD YOU CRAVE

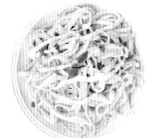

JANA CRISTOFANO

嘉娜・克里斯托法諾 —— 著

陳文怡 —— 譯

目 錄

第六章　**麵包和餅乾**

第九章　**主食與大餐**

第十章　餐後甜點和甜食

前言與指導原則

你想吃令人垂涎欲滴，又能滿足口腹之欲的食物，卻不願承受它對人體健康造成的負面影響。為什麼你得因為這樣，就不再大快朵頤？畢竟你希望享用的餐點，既能滿足自己對美食的殷切渴求，又能增進健康，改善身體狀況。

你認為這些都不可能嗎？你還認為，有益健康的飲食一定都很單調乏味，要讓飲食保持營養豐富，根本就辦不到？過去我也這麼認為，不過，當你明白原本能安撫情緒的食物，如今已不再令你心情愉快，你會怎麼辦？況且這類食物還會使身體變得極為不適，例如害你罹患糖尿病、心臟病、肥胖症、關節炎、偏頭痛……病痛還不止這些。日復一日的大量研究，都表明上述的一切已徹底改變，起因正是我們放在自己餐盤裡的食物所致。

話雖如此，飲食會釀成病痛，卻也能使之痊癒。

既然知道營養豐富的飲食會讓生活更健康快樂，所以我曾經有好幾年再三設法改變飲食。當時我自己榨鮮果汁、吃沙拉，還吃堅果當作點心。結果如你所想，我的活力增強，磅秤上的數字也因而減少。可是接下來我就開始偷懶了！先不管後來發生的事，總之我的飲食方式又回到既往。

常言說得好，「需要」為發明之母，此話不假。數年過後，我的健康問題開始累加，像是必須和不孕與流產搏鬥，也得和偏頭痛與關節炎奮力交戰，而我的家族病史，導致我原本就比較容易有糖尿病，我的血糖濃度，則使我步上這條路。在形體方面，我注意到自己的體重總是斷斷續續攀升。

於是我著手尋求相關知識。以往的消遣，如今卻成了熱情所在。我加倍努力閱讀健康飲食書，也聽根據各種營養模式開設的課程，同時比較、對照我找得到的每種飲食方式，以及人體吸收營養的每種途徑。有鑒於此，便不難想像為什麼我會結合這些概念。**健康問題影響所及的各個層面，其實都可以透過四類飲食改善矯正，也就是畜產品、麩質、精製糖，和不健康的油脂，因為這四類飲食都會引起發炎與疾病。**

所以說，我該拋棄什麼食物，又可以吃什麼呢？

這個問題的答案，是要吃以植物為主要食材，而且不含麩質，也沒有精製糖的飲食，讓身體自行痊癒。要找到飲食與營養

會影響健康的證明，你不必極目遠望，因爲它們肯定對健康有正面影響，況且要談這件事，「醫學之父」希波克拉底（Hippocrates）說得最好：「讓食物成爲你的藥物，也讓藥物成爲你的食物。」

然而對我來說，即使要我根據自己研究所得的結論來用餐，前提是要有美味的食譜，讓食物不僅能滿足身體需求，也能滿足我的味覺與心靈，我才能做得到。換言之，這些食物必須有讓我想吃的慾望才行。

如此一來，我的任務就此展開。我讓自己吃得更妥當的方式，就是**對食材重新排列組合**。想到不能再吃我最喜愛的餐點，我就無法忍受，可是不繼續吃那些，才能維護我的生活品質。於是我有計劃地依食材、飲食類型與目的，來分析傳統餐點。等我確認哪些食材比較健康，而且不含麩質、都以植物爲主要成分，也都沒有精製糖，我就藉由這些分析，來設計出獨創餐點。它們都別出心裁，也都是我根據最深得我心的經典餐飲而量身打造。這些餐點成功與否，原本只是由我的味蕾來鑑定，接著才由其他人的味覺評估。「這道餐點好吃嗎？它是否驚爲天人，而且還讓我覺得自己再也不想吃過往的版本呢？」這些都是我想知道的事。而我得到的答案都是肯定的。

那麼，我的健康情況如何了？

採用這種方式用餐，不但使我的血糖值回到正常範圍，偏頭痛消失無蹤，由關節炎引發的疼痛，也隨之遠去。既然我身體開始好轉，外表也健康許多，多餘的體重當然也跟著擺脫了。與此同時，我也越來越常和其他人談到飲食的話題。我的同事、朋友和家人都問我：「妳看起來容光煥發，而且活力充沛！妳是怎麼做到的？」每當我回覆對方，我在飲食中排除麩質、畜產品和精製糖，並以蔬食取代，對方總會兩眼呆滯地說：「哎呀，妳這是在吃鳥飼料噎，我大概永遠都不會這麼做。」

不過，你其實能在享用營養豐富的餐點之際，依舊滿足味蕾。我希望自己能啓迪旁人，讓其他人都和我一樣，除了能夠健健康康、無病無痛，還能享受這種烹調方式帶來的一切絕佳風味口感。

屆時你肚子裡那位美食家將會空前高興，也將更爲健康！

在我的部落格「營養資訊城」（Nutritionicity）分享獨創食譜時，我能認識那麼多很棒的人，不僅是我的榮幸，也是我因此享有的特殊待遇──我透過部落格認識的人，可能想藉由蔬食徹底改善健康，或者是經專科醫師建議，想透過飲食應付特定健康問題：這個人也許因食物過敏，必須忍受隨之而來的症狀，或者是他熱切關懷生態環境，希望自己的所作所爲對天地萬物都是善舉；如果不是這樣，那麼這個人也可能在尋尋覓覓，試圖找到既能挑動味蕾，又能使人身心舒暢的美食。無論你屬於何者，都歡迎你來到這裡。你們不但溫暖了我的心，你們的故事也啓發了我。你們之中有許多人都認爲自己能順利變健康，在飲食上的改變也能成功持續，部分原因在於你們認爲自己享受到的美食，日後可能再也吃不到了。

你們之中有那麼多人都曾經鼓勵我，讓我創作出本書，對此我永遠心懷感激。我整理的這本食譜選集，除了包括我部落格

裡最熱門的食譜（其中有些食譜已經過改良），大多數都是全新創作，而且其中有許多食譜做出來的，都是我始終特別喜愛的餐點。我對這本食譜集的期盼，是希望你無論身在何方，它都能在你獨一無二的人生旅途中與你相遇，讓你健康無病痛。

這本書收錄的百餘份食譜中，每一份用的食材都不含麩質、都以植物為主（或是「純素」），也完全不含精製糖。除此之外，有些食譜烹調時不用油，或是不含堅果，不然就是會提供替代選擇。無論你目前是否罹患乳糜瀉、麩質過敏，或是你對牛奶過敏，只要你期待自己過得健康快樂、體重減輕，或是想讓飲食更溫和無害，對生態環境也更友善，那麼這本食譜都是為你設計的書。我構思這些餐點，目的都是要滿足個人需求，也讓人不會因此犧牲餐點滋味，而且不會在烹調過程中放棄體驗廚藝。

本書不是金科玉律，而是一種敦促你改變自己的手段。我希望自己懷抱熱情，用「比昨日更好」的方式來鼓勵你。人要平衡種種因素來解決難題，未必一定要經歷失敗。讓我們著重於過程，而非聚焦於結果是否完美。這裡有兩個簡單的問題，不妨問問自己：每當回首過去，我能否看出此刻的自己正在進步？此外，今天的我是不是比昨天的我更好？**以「看重過程」取代「重視完美」，會使人活出真實又能長久持續的生活樣貌，也會讓生活更健康。**

就盡情享受吧！只要吃得美味，你的身體很快就會變得健康！

指導準則

為了描述食物類型或餐飲風格，我想先交代自己用的術語是什麼意思，以及我使用它的背景因素。

什麼是「原型蔬食」（whole food plant-based）？

「原型蔬食」表示你食用或飲用的產品或副產品，原料都不是來自動物（也就是飲食成分中不包含肉、魚、奶類與奶類製品、蛋，以及蜂蜜）。這種食物包括完好無損又未經精製與加工的水果、蔬菜、穀類、豆類、莢果，以及堅果和種子。

什麼是「蔬食」（plant-based diet）？

蔬食所用的食材和原型蔬食相同，但它偶爾會保守地使用極少量加工食材，包括以完整穀粒磨碎製成的穀粉，以及依舊含有養分，也會導致升糖指數稍微提升的天然甜味劑，和比較健康的油份。要以實例說明的話，不妨參閱本書第一章。

什麼是「純素飲食」（vegan diet）？

純素飲食的產品或副產品像原型蔬食與蔬食一樣，原料都不是來自動物。但純素飲食會包含經過加工與精製的食材，例如成分中含有白麵粉（white flour）、精製糖與食用油。

什麼是「無麩質」？

無麩質的食物裡，沒有任何食材含有麩質蛋白。麩質蛋白最常在穀物中發現，像是小麥、大麥與黑麥。話雖如此，這份

清單卻不完整。例如燕麥天生不含麩質，但我們必須注意燕麥生長處會出現交叉污染，使它含有麩質，還有工廠的加工過程也會。所以要買燕麥或燕麥粉時，最好購買經認證確實不含麩質的產品。

什麼是「不含精製糖」？

這本書的食譜都不含精製糖，不表示它們都不含糖分，而是無論食譜中用什麼甜味劑（也就是楓糖漿〔maple syrup〕、椰糖〔coconut sugar〕，與椰子花蜜〔coconut nectar〕），都完全未經化學加工處理。不過老實說，我們所用的甜味劑，大部分都只經過最低限度的加工處理。因為甜味劑必須透過加工，才能保留其中某些養分，也才能使它以最接近未加工處理的狀態保存下來。

為什麼要吃蔬食？

許多研究都曾指出飲食（像是以固定方式用餐）和健康有因果關係，也有許多研究都已經認定這件事。在營養學方面最值得注意的研究，或許是以「中國計畫」（the China Project）之名為人熟知的研究。它由美國康乃爾大學（Cornell University）營養生化榮譽教授Ｔ·柯林·坎貝爾（T. Colin Campbell）主持，並結合英國牛津大學（Oxford University）與中國預防醫學科學院（Chinese Academy of Preventative Medicine）共同進行。這項縱向研究持續了二十年，顯示出人的生活方式、飲食與疾病之間，有許多在統計上具有重要意義的關連。此外也證實蔬食比較不會導致癌症、心臟病，以及自體免疫疾病。藏在這些推論背後的自然科學知識與科學資料，要是你有興趣深入探究，坎貝爾博士和他的兒子——醫學博士湯馬斯·Ｍ·坎貝爾二世（Thomas M. Campbell II），已經在他們所寫的《救命飲食》（The China Study）書裡概述。

然而要吃蔬食的理由，不僅止於資料所述。所謂「布丁好不好，吃了才知道」，唯有親自體驗，才能判斷蔬食對健康究竟是好是壞！為了治療疾病，如今以「改變飲食」代替開立處方藥物的醫師與日俱增，而且在某些案例中，這麼做還會逆轉病痛。身為外科醫師暨著名的美國克利夫蘭醫學中心（Cleveland Clinic）前任院長，同時是美國心臟病學會（American College of Cardiology）會員的卡爾德威爾·耶瑟斯汀醫師（Dr. Caldwell Esselstyn, Jr）就是這麼做。話說許多年前，耶瑟斯汀醫師以不含油的原型蔬食治療心臟病患者，也經歷它所帶來的創新成效。當時那些患者只吃了幾個月蔬食，就開始感受到自己的健康有顯著改善。二十年後，許多當時被診斷出只有一年可活的患者，也都安然無恙。想知道耶瑟斯汀醫師透過蔬食成功治療患者的更多詳情，不妨讀他所寫的《這樣吃，心血管最健康！》（Prevent and Reverse Heart Disease）。

創立美國責任醫療醫師委員會（Physician's Committee for Responsible Medicine），也是美國心臟病學會會員，並從事臨床研究，同時在美國喬治·華盛頓大學（George Washington University）醫學院擔任醫學系兼任副教授的尼爾·柏納德醫師（Dr. Neal Barnard）則以原型蔬食治療患者，進而徹底改變糖尿病的兩種症狀。在他所寫的《糖尿病有救了：

完全逆轉！這樣做效果驚人》（Dr. Neal Barnard's Program for Reversing Diabetes: The Scientifically Proven System for Reversing Diabetes Without Drugs）裡，柏納德醫師除了勾勒他為糖尿病患者規劃的飲食方式，也大致描繪自己的成功故事。要是你為了戒除乳酪，需要多一點靈感的話，不妨也看看柏納德醫師的《擺脫乳酪陷阱》（The Cheese Trap）。柏納德醫師在書裡不但闡明乳酪對健康造成的潛在威脅，像是體重可能增加，也可能罹患高血壓和關節炎，他還解釋乳酪令人上癮，是由於其中含有溫和的鎮靜劑，而它會觸動的腦部受體，和海洛因與嗎啡觸動的腦部受體相同。得知這些之後，未來你永遠都不會想再吃乳酪，而且這種情形就發生在我身上，因為我正是已經康復的乳酪成癮者。

為什麼飲食得不含麩質？

根據乳糜瀉基金會統計，大約每一百人之中，就有一個人罹患乳糜瀉。所以全球的乳糜瀉患者現今已有數百萬人，而且這個數字仍在增長。乳糜瀉是自體免疫系統對麩質蛋白產生的反應，它會損害小腸黏膜，也會危及營養吸收。乳糜瀉只要發作，就會在你身上和消化系統引發浩劫。對某些人而言，乳糜瀉還會使他們身體衰弱，導致人體機能無法運作。

對某些人來說，還有一個問題雖然與乳糜瀉相關，卻稍微有點不同，就是麩質過敏。患有麩質過敏的人，都不會被診斷為乳糜瀉患者，但他們經歷的症狀，有許多卻與乳糜瀉患者一樣。麩質過敏會嚴重影響生活，而且影響層面從消化系統問題（也就是腹部脹氣或腹部腫脹、腹部絞痛，以及腹瀉），到偏頭痛或關節炎之類的疼痛都包括在內，再說它還會使人疲勞，甚至容易憂鬱。

接下來，還有人對含小麥的食物會產生過敏反應，也就是小麥過敏。患有這個特殊問題的人，通常都能吃其他含有麩質的食物，可是由小麥製成的餐點，他們卻一定都不能吃。小麥過敏的典型症狀包括蕁麻疹或起疹子、頭痛、氣喘，甚至還會出現過敏性休克。

醫學博士威廉‧戴維斯（William Davis, MD）在他寫的《小麥完全真相》（Wheat Belly）論述現代小麥。「為了能以最低廉的成本供應小麥給食品加工廠商，使他們能獲得最大收益」，所以今天我們食用的小麥，就像許多基因改造生物一樣，基因都已經改變。不幸的是當前沒有研究能保證動物或人類食用這些基因與過去不同的小麥，依然有益健康。戴維斯博士在書中引用一些農業遺傳學者做的研究，它顯示「新的（小麥）幼苗中，有百分之九十五的蛋白質和從前相同。但其中卻有百分之五的蛋白質，是新的小麥獨有，在親本植物的任何一方都找不到」。這些前所未見的蛋白質裡，有些已經確定和乳糜瀉有關。

即使這些攸關麩質的症狀目前都沒有令你受苦，但你很可能知道有某個人為此所苦。既然現在有那麼多無麩質穀粉都營養豐富，又都很美味，那麼你不僅能使麩質令人不適成為過去式，還可以用這種食材做菜，讓你認識的每個人都能享受這些餐點！

為什麼飲食要不含精製糖？

精製糖完全沒有營養成分，所以在人體中流動的血液很快就能吸收，導致胰島素飆高。儘管粗糖未經精製，但它依然是糖，所以你想的沒錯，食用粗糖時，應該適量就好。話雖如此，以精製糖的源頭而論，粗糖依舊是比較健康的精製糖替代品。因為粗糖保留了糖分裡的一些養分，在體內流動的血液不會那麼快就吸收，這也使得食用粗糖時，升糖指數會比較低（「升糖指數」是一種計量標準，用來判斷食物引起血糖增加速度有多慢或者多快）。

如此說來，你不曾吃蔬食，飲食中也從未不含麩質？別擔心，這不會為你帶來絲毫困難。

就像平常一樣，開始吃不熟悉的食物之前，一定要和提供你醫療照護的人員或機構商量。如果你已經準備好要吃蔬食，也願意讓飲食中不含麩質與精製糖，請不要覺得自己的健康彷彿在一夕之間，就會產生巨變。雖然有些人會「說戒就戒」，也以這種方式成功做到很多事，但我發現賽跑時，若跑者以緩慢平穩的方式前進，多半都會獲勝。你曾經嘗試要戒除咖啡因嗎？（這很瘋狂，我知道！）一般狀況下，我的飲食都很純淨。不過有時我還是會想排除咖啡因、酒精，以及所有不是原型食物的食材，藉機稍微打掃身體。要清理身體之前，我都會在前一週緩緩減少咖啡因攝取量。在那一週內，我總會設法減少傷害身體健康的飲食，以更有益健康的替代品來代替。換言之，在那一週裡，每天我都會用比前一天多一點的無咖啡因咖啡，來取代含有咖啡因的咖啡，而非藉由減少咖啡飲用量，來降低咖啡因攝取量。

要是你目前正試圖由飲食中消除可能致病的其他毒素，只要運用同一種方式，你就做得到。無論是戒除奶類與奶類製品、經過加工處理的糖，以及戒除麩質，它們全都會伴隨某些戒斷症狀（例如頭痛、感冒、昏昏欲睡）。會出現這些症狀，是由於你的身體正在清除體內的髒東西。不過，如果逐步增加對健康比較有益的替代品，藉此慢慢消除身體裡的髒東西，相對來說，你為身體消除毒素時的感受，就會比較溫和。

這種循序漸進的改變方式，也讓你有機會從實際可行的角度，為自己調整飲食。既然這本食譜集裡的食譜對你來說，看起來與聽起來都很有吸引力，那麼你要調整飲食，不妨就從做這本食譜集的餐點開始。一旦你對自己的廚藝更有自信，也更有把握以這種嶄新方式下廚，依這些食譜做出來的餐點具有的美味，你也都能享受，未來你就會感到自己有能力掌握人生。由於你為生活添加更健康的餐點，來日那些不健康的食物不僅都會孤立無援，它們在你的人生中，也都會成為前塵往事。

要是出了差錯怎麼辦？

調整飲食無關失敗，只攸關身體狀況是否均衡，以及你調整飲食進展到什麼程度。所以別因為想吃乳酪或忍不住想吃含有精製糖或麩質的食物，而向心裡的渴望豎起白旗，為此痛批自己。畢竟我們多數人都曾經這樣，也都曾這麼做。尼爾・柏納德醫師在《擺脫乳酪陷

阱》提出一個令人矚目的論點。

他表示，乳酪有一種成分會使人上癮，甚至還能與嗎啡相提並論。大部分人對乳酪都不只是喜歡，而是會為之誘惑。不過這裡有個好消息，就是你吃愈純淨的食物吃得愈久，要讓飲食變得純淨，也就更容易。這是由於你長期吃健康餐點之後，將來你吃不健康的食物時，你的身體會獲得信號，要它自我修正。當這種情形發生，身體就會將垃圾視為垃圾，而且你端上垃圾讓身體享用時，你可能還會經歷消化問題，或者是吃下的乳酪導致你身體充血，否則就是精製糖引起你偏頭痛，以致你吃了這些，也不會高興。我知道現在這些聽起來難以置信，可是未來你真的會開始想吃較為健康的食物。

開始烹調餐點之前……

收錄在這本食譜集裡的食譜，全都是無麩質又不含精製糖的蔬食食譜。麩質、精製糖與蔬食這三項要素，代表飲食受限的範圍。儘管這本食譜集裡的餐點有些格外營養，但其他餐點除了與它們不健康的傳統版本相互對應，也都可以取代它們的出色替代品。來日你的身體和心靈，都會從你烹調的餐點中獲得最多好處，這一點你可以拭目以待。

著手下廚前，要先完整閱讀食譜喔！

這件事看起來沒什麼，但要是你從未烹調無麩質蔬食，也從不曾下廚煮蔬食或無麩質餐點，或者是你對烹煮這類食物比較生疏，相對於你先前習慣用來準備餐點的傳統食譜或家傳食譜，本書的食譜裡有些

烹飪模式的變化，值得你下廚時注意。

舉例來說，相對於大部分傳統食譜「抓起一顆蛋，將它打進碗裡」這項行為，書裡某份食譜若以亞麻籽粉取代蛋，（除非食譜中有其他說明，否則）就需要用水來混合亞麻籽粉，也需要將混合物靜置一旁幾分鐘，好讓混合物凝結形成糊狀。因此，開始烹飪前一定要仔細閱讀整份食譜，而且從食材到烹調方式，都得包括在內。如此這般，你下廚烹調餐點前，才能有最妥當的準備。

在食材方面

研發食譜時，我的目標是要讓烹調出來的餐點與多數傳統菜餚相比，不僅更為健康，還要同樣美味。雖然本書收錄的原型蔬食食譜許多都以植物為主食材，也都不加糖或甜味劑，不然就是不含油份，不過有些食譜含有少量油份，或者是加了粗糖或未經精製的甜味劑，例如椰糖、楓糖漿，或者是椰子花蜜。既然飲食與身體是否維持平衡息息相關，即使我們大家都希望偶爾能在饗宴中放縱自己，但能以美食恣意款待自己的關鍵，卻在於放任自己耽溺的美食必須盡量健康，享用美食也必須有所節制。

在替代品方面

依照食譜下廚時，我的建議是第一次先依樣畫葫蘆，之後再依自己獨有的味覺加以微調。要這麼做的原因在這裡：

先前我研發這些食譜，是要以它們作為起點，讓你開始下廚。畢竟有些人喜歡餐點較鹹、大蒜味比較濃郁，或者是調味料加得較多；另外有些人喜歡烘培物酥酥脆

脆，不希望它鬆鬆軟軟。所以你下廚時，我常常都會建議你做這道菜的時候，也嚐嚐它的味道，好讓你決定如果多加點調味料，你是否會更喜歡它。只是請務必記得，雖然你永遠都能在餐點裡多加些調味料，但你已經加進其中的調味料，卻無法取出。除此之外，即使我再三針對食材替代品提出建議，但我的意見無論如何都不夠詳盡。

要是打算以替代品取代食譜用的食材，請記得幾件事。我設計這些食譜，是為了讓做出來的餐點都能有特定滋味與口感，而要讓它們都成為不含麩質的蔬食，有時必須用某些食材，才能達到這雙重目的，否則做出來的餐點風味，可能就會和預期不同。

以實例來說，蘋果醬在烹飪時能作為甜味劑，也能取代油脂，況且在某些食譜中，它除了能同時扮演這兩種角色，如果在烹調過程去掉它，還會連帶影響烹調成果。另一個例子，是大家為烘培物增添口感時，會在食材裡加上某種澱粉（也就是木薯澱粉〔tapioca starch〕），只是如此一來，就會讓烘培物含有麩質，此時若以其他穀粉（也就是粗杏仁粉〔almond meal〕）取而代之，就不會有你想要的那種口感了。

備料時間與烹調時間

每份食譜需要的備料時間與烹調時間，都會分別介紹。要是某份食譜以堅果為餐點特色，還必須在下廚前先浸泡堅果，那麼它需要的備料時間，就不會包括浸泡堅果這段時間。所以為了做這道餐點需要的浸泡堅果時間，就得請你自行規劃。話雖如此，浸泡堅果和其他需要在下廚前就預備的事，食譜的備註欄都會提到。除此之外，食譜中出現「同時烹調」的情況時（例如將南瓜放在烤箱裡烘烤期間，同時在爐子上煮小扁豆），烹煮這些食材的時間會合併計算。

備註

如前文所述，要是食譜中有下廚前就需要預備的事（好比浸泡堅果），備註欄都會提醒你。除此之外，備註欄的內容也包括對你有幫助的提示、使用替代品的建議、上菜時可以為餐點增色的額外選項，以及有哪些工作儘管不用提前準備，但你也許可以考慮選擇在下廚前就先完成。

餐點特徵

每份食譜都有圖示，指出這道餐點的特色。

 －沒有加糖

 －不含油份

 －油份加或不加均可

 －不含堅果

 －堅果加或不加均可

 －不含大豆

健康和營養筆記

某些食材會有某些層面格外引人矚目，而飲食讓我們在營養和健康方面獲益，有時就來自其中，就像這本食譜頻繁使用的這些超級巨星：

蘆筍在總營養密度指數（ANDI）食物排行名列前二十名。它有高濃度葉酸與維他命K，也能阻止同半胱胺酸（homo-cysteine）濃度提升，而且它還能干擾多巴胺、血清素和正腎上腺素（norepi-nephrine）分泌。由於上述神經傳導物質若非攸關情緒，就是會在腦部產生化學作用，令人感到愉快，所以吃蘆筍有助於擊敗憂鬱症。

青花菜富含維他命C（青花菜能提供的維他命C，分量是你每天需要攝取維他命C標準值的135%）。除此之外，它也是維他命A、維他命B6、維他命E、維他命K，以及膳食纖維、鈣質、鎂、鐵質、鋅、菸鹼酸和硒的重要來源。青花菜不僅能提供你需要的植物性蛋白質，它還能額外供應ω–3脂肪酸。

蕎麥（Buckwheat）的名字雖然暗示它是穀物，實情卻正好相反，它不是穀物。蕎麥不但類似藜麥，被稱之為「假穀物」，它還是與大黃（rhubarb）有關的某種植物後裔。它除了完整富含九種只能從食物中攝取的必需胺基酸，也能提供理想的完全蛋白質（complete protein）。除此之外，它也是維他命B、錳、鎂、銅、鈣質和鐵質的重要來源。況且它的抗性纖維（resistant fiber）含量很高，能促進餐後降低血糖，對減重也有幫助。

29公克左右的腰果（cashews），能提供5公克植物性蛋白質。它不僅營養豐富，也富有鐵質、維他命B6、鎂、銅與磷。除了對骨骼與皮膚健康都有益處，它也能協助你穩定血糖。

花椰菜含有大量纖維，但它的卡路里、脂肪與碳水化合物含量都很低，況且一杯花椰菜能提供的蛋白質分量，在你每天需要攝取的蛋白質標準值占4%。除此之外，一杯花椰菜能提供的維他命C，是你每天需要攝取的維他命C標準值85%。在此同時，花椰菜也是人體維他命B6、維他命K，以及鎂和鉀的重要來源。

鷹嘴豆（Chickpeas）是植物性蛋白質與膳食纖維的重要來源，而膳食纖維對血糖與結腸的整體健康，都會產生有利影響。除此之外，它也富有鐵質、磷酸鹽、鈣質、鎂、錳、鋅，以及維他命K，而且在許多水果蔬菜中都沒有出現的硒，也包含在鷹嘴豆裡。硒除了能抗發炎，對於肝酵素運作也有助益。況且當前的研究中（包括美國醫學圖書館〔US National Library of Medicine National Institutes of Health〕的一份研究），都表明「鷹嘴豆或許能幫助身體充分利用膳食中的營養成分」。

小扁豆除了是植物性蛋白質的重要來源，也提供豐富的可溶性纖維。由於可溶

性纖維能減緩葡萄糖從碳水化合物代謝出來的速度，所以大家都相信比起其他穀物和碳水化合物，小扁豆對血糖的影響很低。與此同時，小扁豆也有大量的磷、葉酸，以及鎂和鐵質。

鳳梨可以供應的維他命和礦物質有那麼多，而且一杯鳳梨能提供的維他命C，分量已經超過你每天需要攝取維他命C標準值的130%。除此之外，鳳梨含有的維他命B6、鎂、鈣質、鐵質和膳食纖維，分量也都值得注意。

馬鈴薯的鉀、鎂、鐵質、鈣質與膳食纖維含量都有益健康，分量也都足以令它自豪。尤有甚者，一個中等大小的馬鈴薯包含的維他命C，分量是你每天需要攝取維他命C標準值的70%，而它含有的維他命B6，分量相當於你每天需要攝取維他命B6標準值的30%。除此之外，只要有四公克馬鈴薯，就能使它成為植物性蛋白質的重要來源。

藜麥（Quinoa）不僅是完整的植物性蛋白質重要來源，我們也能從中攝取相當分量的鎂、鈣質、鐵質、磷、維他命B，以及維他命E。由於藜麥是假穀物，或者說我們食用的是它的種子，所以和許多穀類作物相比，藜麥的碳水化合物含量較低。除此之外，藜麥中的碳水化合物分解速度遲緩，也使我們食用藜麥時升糖指數偏低。換句話說，我們食用藜麥時，葡萄糖釋放速度會變慢，也會更加穩定，而這有助於維持血糖濃度。

第一章

無麩質蔬食廚房

以往我常覺得烹飪是種讓我能達到某個目的的手段而已，然而時至今日，它卻能讓我達到許多目的，包括過上健康快樂的人生、組成志同道合的社群並從中獲得樂趣。我很愛自己設計出來的無麩質蔬食食譜，既能讓人做出美味的餐點，也能滿足對美食的鑑賞力。這些食譜不僅能餵飽並滋養肉體，也能使其恢復健康，而且還能與人共享依這些食譜做出來的餐點，甚至還能和其他飲食類型的人一同享用。所以我研發的這些食譜，還有讓人愉悅的功能。

你或許也像我一樣有閒情花時間下廚。如果你不是這種人，那麼或許你寧可單純坐在餐桌前享用現成的美食。無論你是哪種人，大家很可能都會同意「簡化烹飪步驟有益下廚」，倘若你對烹調無麩質蔬食根本就是新手，或是不熟悉如何烹調這類餐點，那麼這些食譜用的食材，有些可能會和你日常儲備的食材有所不同。

這種情形或許會令你有點遲疑。先前開始嘗試這類食物時，我也是這麼認為的，然而就如同所有新興事物一樣，無論是時尚、舞蹈、音樂，還者是飲食領域的新潮流，只要對它熟悉到一定程度，你就會欣然接受並且愛不釋手！

本章節除了我很常用到的某些特別食材，也包含使用時的一些小撇步。

只要開始常用這些食材，你很快就會發現，做出比從前更健康可口，吃起來還更令人滿意的餐點，是很有樂趣的事。除此之外，當你下廚烹調的是無麩質又不含精製糖的蔬食，它不僅會滿足你對美食的熱切渴望，也會滋養你的身體。

穀粉和澱粉

我們能選用的無麩質穀粉和澱粉何其多，而且當中有些所富含的蛋白質、維他命和礦物質甚至還更多。其他有些穀粉和澱粉則加了調味，以致用它們做出來的餐點會增添新的風味。甚至有些無麩質穀粉適合做烘焙物，以這類穀粉製作的烘培物，比含麩質的更好吃，還一樣可口有嚼勁！

測量無麩質穀粉的技巧

有些穀粉的顆粒比其他穀粉細，測量這種穀粉的分量時，必須把粉末壓緊一點。由於穀粉顆粒密度有差異，我測量所有穀粉和澱粉的分量時都用一樣的方法，也就是先以一隻手握住量杯，再以另一隻手用湯匙將穀粉或澱粉舀入杯裡，直到裝滿穀粉或澱粉的量杯頂端裝得圓鼓鼓的。接著再以非常輕柔的力道，用湯匙輕拍量杯裡的穀粉或澱粉，並以湯匙橫越量杯上方，清除量杯頂端的多餘穀粉或者澱粉。如此這般，就能量出與量杯頂端齊平的一杯穀粉或澱粉了。

注意有效期限

穀物、堅果和種子都含有油份，而且經過一段時日，這些油份就會開始損壞。這麼一來，你的食材風味會因此破壞，到頭來蹧蹋了你做出來的餐點。所以「別用過期食材下廚」非常重要。既然這其中有些食材所費不貲，為了延長穀物、堅果和種子的有效期限，我都將它們儲存在密封的玻璃罐裡，然後放進冰箱。

除此之外，我還會在自黏標籤上寫下食材名稱與購買日期，並將標籤貼在玻璃罐上。根據經驗法則，這些食材應該都能保持新鮮達六個月。要是你的冰箱無法為這些食材另外騰出空間，不妨試試看將它們存放於陰涼處。

無麩質穀粉與澱粉

這些食材整本書裡都用得到：

- 粗杏仁粉或細杏仁粉──杏仁粉無論粗細都一樣，總之都算磨細的堅果。
- 葛鬱金粉（arrowroot starch）
- 糙米粉
- 椰子粉
- 鷹嘴豆粉
- 無麩質燕麥粉──儘管燕麥天生就不含麩質，但有可能會沾到麩質。因此必須確定你使用的無麩質燕麥粉保證不含麩質。
- 馬鈴薯澱粉（potato starch）
- 高粱粉（sorghum flour）
- 木薯粉或木薯澱粉（tapioca flour or starch）──木薯粉和木薯澱粉是同樣的產品。
- 白米粉（white rice flour）

種子、堅果、穀物、假穀物，以及莢果
（從這裡獲得你需要的蛋白質）

大家對蔬食最常見的擔憂，就是「吃蔬食要如何攝取足夠的蛋白質」。你在這裡提出這個問題真是恰到好處。其實蔬食餐點中的蛋白質來源，你的身體都比較容易消化，所以蔬食能提供的蛋白質非常豐富。

倘若你對藏在這一點背後的科學知識有興趣，不妨讓我在此詳細說明。完全蛋白質由二十種胺基酸組成，而每一種食物含有的胺基酸都有所差異，因此有許多食物並未完整包含這二十種胺基酸。

這二十種胺基酸裡，有九種稱為「必需胺基酸」。該名稱即指明，這九種胺基酸對於組成蛋白質來說不可或缺。既然人體無法自行製造必需胺基酸，那麼你就得自

行食用，從食物中攝取。換言之，我們吃東西時，身體會從我們吃下的食物裡儲存某些胺基酸，再將它們與來自不同食物的胺基酸相互混合搭配，製造出新的完全蛋白質。

有些食物確實完整含有二十種胺基酸，它們就能提供人體需要的完全蛋白質。舉例來說，肉就是能提供完全蛋白質的食物，不過藜麥、蕎麥、南瓜籽和大麻籽也都是。除此之外，身體需要有互補蛋白質（complementary protein）和它一起加工，才能形成完全蛋白質，而每種食物都能提供其他食物缺乏的必需胺基酸，因此吃蛋白質來源有變化的均衡飲食，也就至關重要。

以實例而言，莢果和穀物就是互補蛋白質的例子。所以當我們在米飯中摻入黑龜豆（black bean），或者將玉米混合黑龜豆，就足以提供合乎身體需要的所有必需胺基酸，也可以讓完全蛋白質從而成形。

儘管許多水果和蔬菜也含有蛋白質，但我在這個部分提到的種子、堅果、假穀物和莢果，都會在你攝取蛋白質時扮演要角。

我購買堅果和種子時都會盡可能購買未經加工的產品，否則就買已經發芽的堅果或種子。這種堅果或種子不僅下廚時能靈活運用，在多數情況下，它們也比較容易消化。

種子、堅果、穀物、假穀物和莢果
下列食材，本書中會頻繁使用，或是建議用其來當替代品，所以這些食材最好都要存著，以備不時之需。

- 杏仁
- 黑龜豆
- 黑眼豆（black-eyed pea）
- 蕎麥
- 白豆（cannellini bean）
- 腰果——腰果風味溫和，吃起來也宛如含奶油般口感柔滑，所以經常用來代替傳統食譜中的奶類和奶類製品。其他堅果或種子需要替代品時，我也常特別提到不妨用腰果來取代它們。。
- 奇亞籽（chia seed）
- 鷹嘴豆
- 無麩質燕麥
- 金黃亞麻籽粉——金黃亞麻籽粉和水或植物奶混合，會形成糊狀，也能用來取代蛋作為食材。金黃亞麻籽粉的味道較淡，也能與其他食材充分混合，所以和褐色亞麻籽粉相比，我比較喜歡金黃亞麻籽粉。
- 北美白腰豆（great northern bean）
- 小扁豆（lentils）
- 澳洲胡桃（macadamia）
- 美國山核桃（pecan）
- 藜麥
- 紅菜豆（red kidney bean）
- 稻米（rice）
- 葵花籽仁（shelled sunflower seeds）
- 發芽南瓜籽仁（sprouted shelled pumpkin seeds）
- 胡桃（walnut）

會頻繁使用的粗糖與未經精製的甜味劑

- 糙米糖漿（Brown Rice Syrup）——這種糖漿是在已經煮熟的完整稻米穀粒中添

加酵素，將澱粉分解為糖。

- 椰子花蜜（coconut nectar）──這種濃稠糖漿是由椰子花汁液萃取。由於製作時以非常低的溫度濃縮汁液，也以高熱曝曬，所以其中的營養成分絲毫無損。
- 椰糖（coconut sugar）──這種糖由椰子花蜜結晶製成。發現它的味道嚐起來不像椰子，或許會令你訝異，然而它是一種紅糖，而且它的滋味與口感，都近似傳統紅糖。
- 棗糖（date sugar）──這種糖是棗子脫水後經研磨製成，類似白糖。由於它以除去果核的完整水果製成，所以用於烘培物或加在溫熱液體中，裡面的少量膳食纖維不會溶解。
- 冷凍香蕉──已經成熟的香蕉冷凍時，裡面的糖就會集結濃縮。所以將冷凍香蕉搗成泥，就能製成一流的甜味劑加在餐點裡，而且這麼做的時候，餐點中的香蕉風味大家都樂於接受。不妨看看如何製作冷凍香蕉（請見本書第十八頁）。
- 楓糖（maple sugar）──這種糖由楓樹汁液結晶製成。
- 楓糖漿──這是透過楓樹汁液結晶製成的糖漿。購買楓糖漿時，應該買不含雜質的楓糖漿。畢竟能列在食材清單上的楓糖漿應當只有一種，也就是純楓糖漿。
- 帝王椰棗（medjool date）──帝王椰棗去核後碾成棗泥，就能製成甜味劑。它對許多餐點而言，都是很棒的甜味劑。

食用油、油脂，和它們的替代品

食用油

下廚時，我都會設法用在高溫下品質依然保持穩定的油，像是酪梨油或胡桃油。如果要以中溫烹調，或者是調製沙拉醬，就適合用橄欖油與葡萄籽油。倘若要做講究結構的食物，例如糖霜或乳酪蛋糕，因為椰子油在室溫下是固體，它會成為理想用油。要是不希望為餐點添加絲毫椰子味，我會用精製椰子油。如果想提高餐點裡的椰子味，就用初榨椰子油。

- 酪梨油
- 椰子油
- 葡萄籽油
- 橄欖油
- 胡桃油

食用油替代品

在某些情況下，食譜中也許需要油脂，卻未必要以食用油作為食材。遇到這些情形，由於堅果醬和種子醬都是比較有益健康的原型食物，而且其中的油脂會提供豐富乳脂，下廚時完全毋需用油，所以它們都是理想的替代品。在我用的食用油替代品裡，我特別喜愛這些：

- 杏仁醬
- 酪梨
- 腰果醬
- 腰果奶油（cashew cream）
- 花生醬
- 葵花籽醬
- 中東芝麻醬（tahini）

油脂替代品

就和在餐點中添加糖分一樣，通常我會將食用油（有時是油脂）的使用範圍，限制在我覺得用替代品下廚有損烹調成果的情況下。在這些可能出現的局面裡，可以用比較有益健康的食材取代食譜中的食用油，包括可使用這些食材：

- 香蕉
- 不加糖或甜味劑的蘋果醬

植物奶

既然有形形色色的植物奶可喝，就不用再覺得自己非得需要奶類與奶類製品。以日常使用和下廚來說，我偏愛堅果奶，而且我個人特別喜愛的堅果奶，是不加糖或甜味劑的腰果奶。細膩的腰果奶口感滑順，喝起來也沒有特殊味道。不過對堅果過敏的人也不必擔心，因為還有許多不含堅果的替代品可供選擇。

堅果奶

- 杏仁奶
- 腰果奶
- 榛果奶
- 澳洲胡桃奶

種子奶、穀物奶，以及其他植物奶

- 椰奶
- 亞麻籽奶
- 大麻籽奶
- 燕麥奶
- 豌豆奶（pea milk）
- 米漿
- 豆漿

與烘培有關的其他物品

手邊有這些物品的話，烘培和準備餐點都會變得容易。

- 蘋果醋（apple cider vinegar）
- 泡打粉
- 小蘇打
- 椰子氨基醬油（coconut aminos）[1]或無麩質醬油
- 檸檬汁（可以的話，用新鮮檸檬榨汁更好。）
- 營養酵母（nutritional yeast）
- 海鹽
- 香草精（vanilla extract）
- 純素巧克力片（vegan chocolate chip）

工具與設備

打掃不是好玩的事。所以我下廚時會試圖讓廚房裡的工具和設備數量，都維持在最低限度。下列清單裡的項目，都是我準備這本書的食譜時最常用到的物品。

工具

- 大小不鏽鋼攪拌器——以我研發的大部分食譜來說，不鏽鋼攪拌器的職責，正如桌上型攪拌器。可是不鏽鋼攪拌器比它容易清理，也比它便於收納。
- 量杯與量匙——這兩項工具我每種都有兩組。其中一組用來量含水食材，另一組用於測量乾燥食材。
- 金屬鍋鏟和橡皮抹刀
- 攪拌碗——包小型、中型和大型攪拌碗（碗的容量從1.4~2.8公升，不然就是1~3公升。）
- 鋒利的刀具和砧板
- 蔬果削皮器
- 木匙

各式鍋具

- 煎鍋或平底鍋（包括小型與大型鍋具）
- 附蓋長柄湯鍋（包含小型與大型鍋具）
- 附蓋雙耳湯鍋或其他湯鍋

設備

　　在蔬食料理中，食物調理機和（可變速）高速調理機都是常用設備，而且在某些情況下，可以用其中一種來代替另一種。儘管購置這些小家電都需要投入資金，但我還是非常建議你能有這些小型設備和廚房用具。

- 食物調理機——容量為11杯的食物調理機，是大家都能接受的合宜選擇。
- （可變速）高速調理機——要將食材攪拌為柔滑順口的醬料與濃湯，這項設備確實很有助益，而且它還能確保你的思慕雪總是能均勻混合。和食物調理機相比，它除了攪拌混合食材更強而有力，完成的成果也更令人滿意。
- 蔬果沙拉脫水器——要製作完美的生菜沙拉，這項設備不可或缺。蔬果沙拉脫水器通常台幣600元以下就能購得。生菜去除多餘水分後，沙拉醬就更能扒附在生菜葉片上，而不會沉在碗底，所以我每天都用得到蔬果沙拉脫水器。

烘培用品

- 長寬高分別為13英吋、18英吋、1英吋金屬烘烤盤
- 長寬都是8英吋的陶瓷或玻璃烤盤
- 長寬為13英吋、9英吋的陶瓷或玻璃烤盤
- 長寬高分別為9英吋、5又1/4英吋、2又3/4英吋，不然就是容量為1.4公升的麵包烤盤
- 12格標準瑪芬烤盤
- 24格迷你瑪芬烤盤
- 烤盤紙

---

1 譯註：椰子氨基醬油（coconut aminos）是一種深色醬料，以椰子汁液製成，味道類似醬油。

第二章

實用提示
與常用食材食譜

步驟、技巧和指引

以下這些步驟整本書都用得到。

浸泡堅果

這個步驟能滿足雙重目的，也就是讓堅果藉此準備分解出乳脂般的芳香，同時中和堅果裡的植酸（phytic acid）和酵素抑制劑（enzyme inhibitor），因為上述物質會導致許多人食用堅果和豆類時消化不良。浸泡堅果能使它釋出植酸和酵素抑制劑，因此浸泡後務必以清水妥善沖洗堅果，才能徹底去除有礙消化的殘留成分。

快速浸泡

先把堅果放進玻璃碗，再以沸水覆蓋它們。接著浸泡約30分鐘，或者是泡到堅果都變得鬆軟（倘若食譜具體指出的浸泡時間更長，那麼就得浸泡更久）。使用堅果前必須沖洗瀝乾，才能去除堅果浸泡時釋出的有礙消化成分。

浸泡一夜

如果時間允許，你也可以浸泡堅果一夜。以這種方式浸泡堅果，要先把堅果放入碗裡，再以冷水覆蓋它們。然後以廚房紙巾蓋住用來浸泡堅果的碗，放進冰箱冷藏約8小時。使用堅果前必須沖洗瀝乾。

無油煎炒

油脂不是壞東西，況且它是人體需要的三種巨量營養素（macronutrient，也就是油脂、碳水化合物和蛋白質）之一。話雖如此，最好還是盡量從原型食物中，攝取你需要的油脂這種巨量營養素。食用油雖是油脂，但它經過加工處理，所以不是原型食物。在我的某些食譜裡，要是確定烹調過程中完全去除油份對烹調成果會產生負面影響，那麼在煎炒時，就需要使用最低限度的食用油。除了努力降低飲食裡的油份總攝取量，我也在許多食譜中提供選擇，讓人可以在煎炒時，用水或蔬菜高湯來取代食用油。除此之外，我也發現以下面敘述的方式使用陶瓷不沾鍋，會讓它變得好用：

• 先在鍋子裡加1~2湯匙的水或高湯，

然後放上爐子加熱。當水或高湯已經溫熱，就立即在鍋裡加進食譜中需要的食材。烹調過程中依實際需要，必須常在鍋裡加水或高湯，而且要一次加1湯匙。烹煮過程中需要頻繁攪拌，避免食材燒焦。美制湯匙（tablespoon）約為14.8毫升。

清洗蔬果

我不買由商店清洗裝瓶的罐裝水果和蔬菜。除了發現這類產品售價昂貴，罐裝蔬果會在烹調成果中留下令人不快的餘味，也導致我不買這類產品。但我會買經濟瓶蒸餾白醋，也會在廚房水槽邊放一瓶噴槍瓶蒸餾白醋，用它來清洗水果。

無麩質筆記

蒸餾白醋以蘋果、葡萄，以及玉米或稻米製成，所以大部分蒸餾白醋都不含麩質。儘管如此，購買蒸餾白醋前，還是要像平常一樣查看產品標籤才是。

清洗水果

清洗水果時，要像洗蘋果或梨那樣，單獨洗淨某個水果，而且不妨先用純蒸餾白醋噴灑在水果上，再以雙手擦掉水果上的髒污，使它變得乾淨。接著用清水仔細沖洗水果，再開始吃。如果是要洗淨莓果，不妨先將莓果放進蔬果瀝水籃，再以純蒸餾白醋噴灑在莓果上，輕輕攪拌莓果一小段時間，藉以確定莓果表面都能覆上純蒸餾白醋。之後靜置莓果數分鐘，然後在流動的冷水下輕輕搖晃蔬果瀝水籃，徹底沖洗莓果。莓果使用前必須瀝乾。

清洗蔬菜

要清洗萵苣或其他蔬菜時，不妨在中等大小的攪拌碗加進1/3~1/2杯的醋，接著在碗中注入冷水，加滿攪拌碗。之後將蔬菜放入碗中，並在摻了醋的水裡轉動蔬菜，讓蔬菜與醋水充分混合，而且此時得確定所有蔬菜都完全浸入醋水裡。接下來浸泡蔬菜數分鐘，再妥善沖洗瀝乾。如果不想自己瀝乾蔬菜，也能用蔬果沙拉脫水器代勞。

儲藏新鮮香草植物

為了能將新鮮香草植物用在食譜裡，我很愛讓自己手邊就有這類食材。要延長新鮮香草植物的保存期限，不妨先切除它的莖部末梢（約1.3公分）。接著將它垂直放進玻璃杯，並在杯裡添加濾過的水，但不必完全加滿（水深約5公分即可）。然後以塑膠購物袋覆蓋香草植物頂端，而且必須確定覆上的袋子呈帳篷狀，不要緊套植物，讓空氣能在植物周圍流通。這種方式通常會讓香草植物的壽命延長2週或者更長。

冷凍香蕉

有些人只在香蕉熟到特定階段才吃，我就是這種人。對我來說，哪怕香蕉稍微有點不熟，或者是上面有斑點，我都不吃！從前我常為了自己丟棄過熟的香蕉感到愧疚，後來我才發覺香蕉可以冷凍。況且香蕉冷凍後會出人意表，成為以原型食物製成的甜味劑。當成熟的香蕉變軟，表面也出現暗褐色斑點時，香蕉裡的甜味與抗氧

化劑都會增加。我除了用冷凍香蕉作爲我的果昔甜味劑,要是有某份食譜需要甜味劑,而我手邊實在沒有,必要時我也會以成熟香蕉取代它。

要冷凍香蕉,只要先爲熟透的香蕉剝皮,再將它放進密封容器或冷凍保鮮夾鏈袋裡,存放在冷凍櫃中3個月。

蕃茄去皮

如果你目前用的是新鮮番茄,就得先煮沸一大鍋水。然後在番茄底部用刀劃個「×」字,切口必須穿透表皮。接著將番茄放入熱水1分鐘後取出,再放進裝有冰水的盆子裡2分鐘,直到番茄變涼。之後從水裡拿出番茄,爲它剝皮。此時應該只要稍微用力,番茄皮就會剝落。

常用食材食譜

烤大蒜 Roasted Garlic

分量:1球

備料時間: 1分鐘　烹調時間:35分鐘

材料:

大蒜1球

橄欖油1~2茶匙

備註

－雖然我烤大蒜用的是烤吐司的小烤箱,不過也能用一般規格的烤箱來烤。

1. 烤箱先預熱至攝氏200度左右。4/5蒜球上,讓橄欖油滲透蒜瓣,再以鋁箔紙裹起蒜球,避免烘烤時蒜球變乾。隨後將蒜球放上金屬烘烤盤,或是將它直接放在烤箱裡的烤架上,烤35~40分鐘。

2. 完成烘烤時,先從烤箱取出裹著鋁箔紙的蒜球,再小心翼翼打開鋁箔紙(這樣才不會燙傷),然後讓蒜球冷卻到能徒手拿起的程度(大約15分鐘)。接著從蒜球底下擠壓,就能輕易讓每一瓣蒜瓣從蒜皮滑落,取出已經烤好的蒜瓣。吃剩的蒜瓣放進密封容器置於冰箱,最多可保存3天。

亞麻蛋 Flax egg

分量：1個

這份食譜能做出類似蛋的糊狀物。儘管這種糊狀物在烘培物中，可以完美取代蛋的使用，可是不建議用它來煮例如炒蛋之類的餐點。由於我發現和褐色亞麻籽粉相比，金黃亞麻籽粉比較沒有泥土味，所以做亞麻蛋時，我都用金黃亞麻籽粉來做。

備料時間：1分鐘　烹調時間：無

材料：

金黃亞麻籽粉**1湯匙**

水**3湯匙**

小碗中混合金黃亞麻籽粉與水之後，靜置5分鐘再開始用，就能做出基本款的亞麻蛋。

備註：

雖然你會發現本書有許多食譜都用了亞麻蛋，但還是要請你閱讀每份食譜的個別指示。有些食譜製作亞麻蛋時，會以植物奶甚或咖啡來取代水，藉此為餐點添加特殊調性，或者是突顯香氣方面的特色。

腰果奶油 Cashew Cream

分量：1杯

這份食譜做出來的基本款腰果奶油，濃稠程度類似濃稠鮮奶油[1]。如果要做比較稀的腰果奶油，製作過程中不妨一次加1湯匙水，直到你理想中腰果奶油的濃稠度。

備料時間：5分鐘　烹調時間：無

材料：

未經加工處理，而且已經浸泡過的腰果**1杯**（浸泡腰果的方式，請見本書第**17**頁）

濾過的水**3/4**杯

腰果浸泡後沖洗瀝乾，再移至高速調理機。之後在調理杯裡加水，先強力打碎腰果，再以中速攪拌。等食材充分混合，再以高速攪拌約3分鐘，讓食材質地變得滑順。要是攪拌過程中需要刮淨調理杯內側，不妨暫停攪拌。

椰子醬 Coconut Butter

分量：3/4杯

餐點加入椰子風味會更討喜，下廚時不妨像你用堅果醬那樣，也以椰子醬作為食材。椰子醬除了可以抹在吐司和藍莓香蕉麵包上（食譜請見本書第120頁），也能用來做純鳳梨可樂達棒（食譜請見本書第216頁）。

備料時間：5~8分鐘　烹調時間：無

材料：

不加糖或甜味劑的乾燥椰子碎片或薄片，滿滿**3杯**

海鹽**1/4**茶匙（選加），可依喜好增減

先在食物調理機放入椰子碎片或薄片，再強力攪打，讓椰子碎片或薄片的體積縮小。接著攪拌食材，讓食材質地變得滑順，達到你理想中的口感。

倘若需要刮淨調理杯內側，攪拌過程中不妨暫停。

要是食物調理機過熱，停止攪拌讓機器休息，這麼做對於椰子醬不會造成任何影響。

食材經處理後製成的椰子醬，起初會因製作過程中產生的熱度，變得像液體般容易流動，不過椰子醬冷卻，就會凝結成固體。做好的椰子醬放進密封容器，置於冰箱最多可保存1個月。

備註

－要是想多做些椰子醬，椰子碎片或薄片的使用量不妨相應增加。如此一來，處理食材的時間也會相對增多。

1 譯註：濃稠鮮奶油（heavy cream）指乳脂含量至少為36%的鮮奶油。

早餐

巧克力豆雙層鬆餅 Double Chocolate Chip Pancakes

分量：8~9個（每個鬆餅直徑為10公分）

我們必須承認，要將食譜配方轉換為無麩質的版本，鬆餅可不是最容易的一道，畢竟大部分依傳統配方製成的鬆餅，都是由雞蛋、牛奶、麵粉，和大量糖分組成。不過，只要能以正確方式混合無麩質穀粉，就能讓這種鬆餅嚼起來和傳統鬆餅一樣鬆軟，還能讓鬆餅中央依舊溼軟，而且過程中還完全不用加油！除此之外，在食材中添加可可豆和融化的溫熱巧克力，不僅能讓做出來的鬆餅成為滋味滿滿、令人食指大動的無麩質早餐，就連孩子也會比較容易接受。

備料時間：10分鐘　烹調時間：10分鐘

材料：

不加糖或甜味劑的植物奶1又1/4杯（此處使用腰果奶）

蘋果醋2茶匙

粗杏仁粉3/4杯

白米粉1/2杯

木薯粉或木薯澱粉1/2杯

可可粉1/3杯

純素迷你巧克力片1/4杯

椰糖3湯匙

泡打粉2茶匙

細磨海鹽1/4茶匙（盛入茶匙的海鹽必須滿включая至鼓起）

不加糖或甜味劑的蘋果醬1/4杯

香草精1茶匙

備註

－ 鬆餅放進密封容器，置於冰箱可保存2~3天，放入冷凍櫃能保存2個月。要加熱鬆餅，只需將它放進烤麵包機或烤吐司的小烤箱，烤2~3分鐘。

－ 為了確保量出來的穀粉分量符合所需，不妨看看我測量無麩質穀粉時所用的技巧（見本書第12頁）。

1. 先將植物奶和蘋果醋倒進小型攪拌碗攪拌混合，靜置5分鐘，讓食材變得有點像「酪乳」[1]的質地。

2. 在中型攪拌碗放進粗杏仁粉、白米粉、木薯粉、可可粉、巧克力片、椰糖、泡打粉與海鹽一起攪拌，充分混合所有食材。

3. 已混和其他食材的植物奶中，添加蘋果醬與香草精，再攪拌混合。

4. 將液體食材加進乾燥食材，攪拌所有食材製成麵糊。之後靜置，讓麵糊質地變得濃稠。靜置麵糊期間，可預熱平底燒烤盤或平底鍋5分鐘。

1 譯註：酪乳（buttermilk，又稱白脫牛奶）是一種發酵乳製品。傳統的白脫牛奶是酪農製作奶油後所剩的液體，現代白脫牛奶則多半以人工發酵製成

5.以中火加熱平底烤盤或平底不沾鍋。要是在鍋子裡滴幾滴水，水滴會在鍋子上舞動，
就表示熱鍋完成，可以用來煎鬆餅。此時以量杯量取1/4杯麵糊倒入平底烤盤，再輕
輕讓麵糊延展，成為一個厚約0.6公分、直徑10公分的圓形。

6.煎3~4分鐘，或是煎到鬆餅邊緣顏色變暗。煎這種鬆餅時，鬆餅表面出現的泡泡不會
像傳統鬆餅那麼多。鬆餅翻面後再多煎2分鐘，接著淋上楓糖漿，或是放上你偏好的
堅果醬，即可上桌。

備註

替代品：

可以用1/2杯快煮燕麥取代藜麥。要是以燕麥為食材，將它放上爐子烹煮時，使用的水和烹調時間都會增加。

無麩質選項：

可在食材中排除碎堅果，以原料非堅果的植物奶來取代腰果奶。

蘋果派藜麥早餐碗 Apple Pie Quinoa Breakfast Bowl

分量：1人份

當樹葉開始染上秋色，風兒吹拂樹梢，我就會拿起毛衣，同時吃點能撫慰情緒的食物。進入蘋果產季，我就會開始做這道餐點，沒有什麼比一碗摻有香甜蘋果、肉桂，以及紅糖的溫熱穀片，更能展現出溫暖舒適的感覺。

於是我整個冬季都以這道「藜麥早餐碗」爲早餐主食。況且要開啓一天的序幕，早餐最好含有植物性蛋白質，以及其他同樣能爲你溫暖心靈的營養素。再說這道餐點能在五分鐘內備妥，不會害你上班遲到！

備料時間：3分鐘　烹調時間：2分鐘

材料：

中等大小的蘋果1個

已成熟的小香蕉1根壓泥
（也可以用中等大小的香蕉2/3根）

細磨海鹽1/8茶匙

肉桂1/8茶匙（依個人口味適量添加）

椰糖1茶匙（依個人口味適量添加）

剁碎的胡桃或美國山核桃1湯匙

溫熱的藜麥穀片1/3杯

冷水1/2杯

在上述食材澆上腰果奶或其他植物奶3湯匙（加或不加均可）

1. 蘋果對半切開之後，先將半顆切丁，或者是切到蘋果丁能裝滿1/4杯，剩下的半顆蘋果切片。

2. 將香蕉放進碗裡壓成泥，摻入海鹽，攪拌至如奶油一般的狀態，再拌入肉桂、椰糖、胡桃和蘋果丁。

3. 預拌的香蕉泥加進藜麥穀片和水，將所有食材均勻混合，用微波爐以高火力加熱2分鐘，而且每45秒~1分鐘就攪拌一次。或是將所有食材放進湯鍋，以爐火煮沸。

   如果使用的食材爲藜麥穀片，煮沸後須再以小火多煮1~2分鐘；若以燕麥作爲食材，煮沸後再以小火燉煮3~4分鐘。

4. 2分鐘後，先從微波爐拿出碗，攪拌碗中食材。接著在溫熱的穀片上，放上蘋果片和剩餘的香蕉，或其他你特別爲這碗穀片選的配料。若想在穀片上加腰果奶，不妨這時候加上，即可開動。

無蛋鷹嘴豆炒蛋 Eggless Chickpea Scramble

分量：3人份

如果你現在想在家享用一頓自製的豐盛早點，一盤堆著滾燙鷹嘴豆炒蛋、我研發的洋菇培根（見本書第30頁），再加上一堆無麩質吐司，搭配我設計的椰子醬（見本書第21頁），沒什麼比這些更能滿足你此刻的欲望了！

備料時間：5分鐘　烹調時間：8分鐘

材料：

15盎司（約425公克）罐裝鷹嘴豆1罐

2湯匙蔥花（只保留蔥綠部分）

乾燥芫荽1/2茶匙

蒜粉1/4茶匙

細磨海鹽1/4茶匙

辣椒粉1/4茶匙

黑胡椒少許

如果想加的話，可添加3/4茶匙或更多的營養酵母

備註

－如果你喜愛煮蛋時散發的硫磺氣味，除了以海鹽作為食材，不妨另外添加黑鹽，或者是以黑鹽取代食譜中用的海鹽。

－要是偏好更濕潤的炒蛋，鷹嘴豆罐頭裡的湯汁可以加多一點。

1. 先在碗上方用過濾罐裝鷹嘴豆，保留鷹嘴豆罐頭裡的湯汁。然後將鷹嘴豆湯汁靜置一旁，並將瀝乾的鷹嘴豆倒入另一個小型或中型攪拌碗裡。

2. 將鷹嘴豆大致搗碎成每塊約0.3~0.6公分的豆塊。

3. 在鷹嘴豆塊中添加切好的蔥花、芫荽、蒜粉、海鹽、辣椒粉和黑胡椒，同時拌勻碗中所有食材。

4. 替中型平底鍋抹上一點耐高溫的食用油（如酪梨油）。如果要做無油炒蛋，也可以用1或2茶匙的水塗抹平底鍋。隨後以中火加熱鍋子，並在鍋裡加進已經混合其他食材的鷹嘴豆輕炒，每隔3~5分鐘便翻攪食材，直到小小的鷹嘴豆塊轉為金褐色。

5. 在鍋裡拌入營養酵母，再加進4湯匙鷹嘴豆湯汁，一次加1湯匙，而且每加1湯匙就攪拌一下。之後繼續拌炒，炒到理想的溼潤程度，即可上桌。

備註

吃剩的鷹嘴豆存放進密閉容器，置於冰箱可保存2~3天。準備享用儲存在冰箱裡的鷹嘴豆時，只需將它放入平底鍋，在爐子上以中火加熱3~4分鐘即可。

洋菇培根 Portbello Bacon

分量：6人份

多數人都不明白，自己喜愛培根不是因為它的肉味，而是因為培根的製作方式使然——藏在香甜又有強烈香料味底下的耐嚼口感，再搭配一點煙燻味，就是培根之所以是培根的緣由。

這份食譜雖然以覃類為主要食材，但它會讓你認識的培根死忠愛好者下次吃到時跟你擊拳致意。況且，除了油脂含量很低，它的營養素密度還很高，所以它和我研發的無蛋鷹嘴豆炒蛋一起享用，簡直就是無懈可擊，更別說成為培根生菜番茄三明治的新最佳拍檔！

備料時間：10分鐘　烹調時間：22~25分鐘

材料：

中洋菇或大洋菇的菌蓋3朵

椰子氨基醬油1/4杯

芥末醬1茶匙

乾燥蝦夷蔥1/2茶匙

細磨海鹽1/4茶匙（可額外多準備些，作為烘培時調味使用）

洋蔥粉1/8茶匙

紅椒粉1/8茶匙（可額外多準備些，作為烘培時調味使用）

黑胡椒少許

1. 烤箱預熱至攝氏220度，並在金屬烤盤上鋪烘焙紙。

2. 接著清潔洋菇。洋菇清潔後立即去蒂，並以茶匙挖空菌褶。之後丟棄菇柄和菌褶，再以鋒利刀具將清潔後的洋菇菌蓋切成條狀，每條寬約0.3~0.6公分。

3. 將洋菇以外的食材都放進小型攪拌碗充分混合。

4. 先在醃料中輕輕攪拌洋菇，再放上金屬烤盤。接著將烤盤放進已預熱的烤箱烤10分鐘。

5. 10分鐘後先將洋菇翻面，撒上紅椒粉與海鹽。接下來將洋菇放回烤箱，並依你想要的酥脆程度，繼續烤12~15分鐘，烤好立即從烤箱取出洋菇端上桌。

備註

吃剩的洋菇放進密閉容器，置於冰箱可保存3~4天。之後要吃時，只需將洋菇放上金屬烤盤，用一般規格或烤吐司的小烤箱，以攝氏220度加熱10分鐘即可。

楓糖漿甜甜圈 Maple Drizzle Donuts

分量：6人份

比起對其他食物的熱愛，大家對於吃甜甜圈的渴望，更能進一步帶動咖啡和茶飲的銷量，這麼說也許會引起爭議，不過，想以這些小點心慰勞自己，也不代表你得為了其中的精製糖與油份總含量感到苦惱，到頭來懊悔不已。為了能讓你好好度過早晨時光，或是享用一頓令人心滿意足的下午茶，這種甜甜圈不但內裡溼潤柔軟，所包含的天然甜味分量也恰到好處。

備料時間：15分鐘　烹調時間：10分鐘

材料：

金黃亞麻籽粉1湯匙

不加糖或甜味劑的植物奶3湯匙

帶有甜味的白高粱粉1/2杯

粗杏仁粉1/2杯

無麩質燕麥粉1/2杯

椰糖1/3杯

葛鬱金粉3湯匙

泡打粉1茶匙

細磨海鹽1/4茶匙

腰果奶或杏仁奶1/2杯

已經成熟的香蕉泥3湯匙

香草精2茶匙

蘋果醋1又1/2茶匙

淋醬：

楓糖漿1/3杯

檸檬汁1茶匙

香草精1/4茶匙

葛鬱金粉1又1/2茶匙

水1又1/2茶匙

1. 烤箱先預熱至攝氏180度。如果用的不是不沾烤盤，就得在裝甜甜圈麵糊的容器上輕輕抹點油（若執行該步驟，則本餐點即非無油料理）。

2. 在小型攪拌碗放進金黃亞麻籽粉和3湯匙植物奶，攪拌後靜置一旁5分鐘，製成亞麻蛋。

3. 將白高粱粉、粗杏仁粉、無麩質燕麥粉、椰糖、葛鬱金粉、泡打粉，以及海鹽都放進中型攪拌碗裡。測量穀粉分量時，請務必確認不要壓實量杯裡的穀粉。隨後充分攪拌碗裡的乾燥食材。為了徹底混合食材，執行這個步驟時，我喜歡用手持式不鏽鋼攪拌器。

4. 攪拌亞麻蛋後，再加進腰果奶、香蕉泥、香草精和蘋果醋充分攪拌。

5. 接著將液體食材加進乾燥食材，再充分混合。我喜歡用手持式不鏽鋼攪拌器執行這個步驟。

6. 將上述混合食材填滿甜甜圈烤盤的六格凹槽，最好

備註

- 這份食譜用的烤模是甜甜圈烤盤。

- 如果甜甜圈端上餐桌時，已經淋上楓糖漿淋醬，最好立即吃掉。這是由於甜甜圈放進密封容器，雖然在室溫下或冰箱裡都能保存幾天，可是淋在甜甜圈上的淋醬，卻很容易隨著時間流逝融化。如果不立刻享用甜甜圈，淋醬與甜甜圈也可以分開存放，等到要端上甜甜圈再淋上就好。

- 為了確保量出來的穀粉分量符合所需，不妨看看我測量無麩質穀粉時所用的技巧（請見本書第12頁）。

填到凹槽裡的混合食材都稍微低於凹槽邊緣，不要裝得太滿，然後放進烤箱，烤10~12分鐘。為了避免甜甜圈在烘烤過程中燒焦變形，可能會需要在沒有裝混合食材的凹槽中放1湯匙水。

7. 用牙籤戳進其中一個甜甜圈。如果牙籤取出時沒有沾黏食材，就可從取出烤盤，讓甜甜圈冷卻2~3分鐘，隨後再從烤盤取出甜甜圈，放在烘培冷卻架上，冷卻10~15分鐘。

8. 甜甜圈冷卻後，即可淋上淋醬。製作淋醬時，必須先將楓糖漿放進小型湯鍋，以小火熬煮，之後加進檸檬汁與香草精，再多煮1~2分鐘。

9. 將葛鬱金粉和水放進小碗，攪打成葛鬱金粉漿。攪打粉漿時，必須從葛鬱金粉會在水面上顫動，攪打到葛鬱金粉和水混合為滑順粉漿。隨後再快速攪打1~2分鐘，使粉漿呈濃稠狀，表面富有光澤感。接著讓鍋子離火，並將粉漿加入鍋中混合攪打約5分鐘，讓糖漿持續變濃。

10. 當鍋裡的淋醬已像濃稠的糖漿，烘培冷卻架上的甜甜圈也已完全冷卻，就立即為甜甜圈淋上楓糖漿淋醬。甜甜圈放進密封容器，可保存3~5天。要是打算保存1天以上，建議放冰箱冷藏。

清新容顏思慕昔 Fresh Face Smoothie

分量：3杯（每杯為225公克左右）

這杯營養精華，顏色像美國克里姆斯科（Creamsicle）冰淇淋夾心冰棒，而且口感討喜，玻璃杯裡還滿滿都是營養，所以我無論何時何地都得來上一杯。我在這份食譜中用的許多食材都富含維他命、礦物質與蛋白質。像是胡蘿蔔除了有大量β-胡蘿蔔素，還有抗氧化劑，而抗氧化劑會在人體內轉變為維他命A，這些都讓胡蘿蔔能協助皮膚組織修復，況且上述營養素還讓這杯思慕昔呈橙色調，看起來相當漂亮。除此之外，金黃亞麻籽粉是ω–3脂肪酸的重要來源，而ω–3脂肪酸對於保護肌膚、心臟和腦部都有助益。再說食材中除了有梨，也添加亞麻籽粉，它能讓思慕昔質地變得彷彿含乳脂般那麼濃稠。這杯思慕昔可以說是將能使人變年輕的青春活力，都裝在玻璃杯裡！

備料時間：5分鐘　烹調時間：無

材料：

不加糖或甜味劑的腰果奶1杯（如果選擇不加堅果，不妨改用味道清淡的其他植物奶）

金黃亞麻籽粉2湯匙

成熟的梨1顆（去核後切成4等份）

中等大小的胡蘿蔔1根（削皮後大致切碎）

過熟的香蕉1根（必須冷凍）

香草口味的無麩質植物蛋白粉1勺（或1份）

香草精1茶匙

蘋果醋1茶匙

碎冰1杯

1. 先在果汁機放進腰果奶和金黃亞麻籽粉攪拌混合，再讓金黃亞麻籽粉在腰果奶中浸泡3~4分鐘，並加入其他食材。這個步驟能使思慕昔變濃稠。

2. 接下來以高速攪拌約1~2分鐘，讓食材質地變得柔軟滑順。如果你攪拌食材時使用高速調理機，要讓胡蘿蔔與其他食材完全混合，可能需要攪拌久一點。

3. 以湯匙舀起思慕昔嚐嚐看，倘若覺得太濃，不妨再多加些水或碎冰繼續攪拌。如果覺得不夠甜，不妨加點冷凍香蕉，繼續攪拌。等到思慕昔已經符合你的口味，倒進玻璃杯享用。

備註

—我發現金黃亞麻籽粉味道較淡,也比較適合用來搭配種種食材,所以在我設計的思慕昔裡,我用金黃亞麻籽粉,而非褐色亞麻籽粉。

雖然蛋白粉並非原型食物,也不該用它來取代飲食,不過其他可選擇的替代品都比較不健康時,以品質優良的蛋白粉來補充營養,卻是可行之道。我建議不妨用不加糖分的高品質有機無麩質植物蛋白粉,例如「生命花園」(Garden of Life),或者是「維嘉」(Vega)等品牌。

—做好後最好馬上喝,先盡量享受其中的營養,我會把調理杯放進冷凍櫃裡,讓剩餘的思慕昔變得超冰超濃!儘管冷凍櫃可以減緩養分損壞,但最好在完成這杯飲料的24小時內盡快喝完。。

隔夜奇亞籽燕麥佐草莓香蕉 Strawberry Banana Overnight Chia Oats

分量：2人份（合計為1又2/3杯）

早上這段時光你可能會匆忙了事，有時甚至連一頓只花五分鐘的早餐都沒空吃。你不一定真的有這麼趕，但還是會以這種方式進食，這通常表示你沒有好好吃點東西。這些浸泡整夜的燕麥美味可口，不僅吃了令人心滿意足，還會在晨光中等著你，準備提供你當天需要的蛋白質和ω−3脂肪酸。要是你習慣早上在床上吃早點，這習性還會為你的早餐錦上添花——因為不會掉屑！

備料時間：5分鐘　烹調時間：無

材料：

已熟成的香蕉泥1/2杯

檸檬汁1湯匙

草莓果泥1/2杯

香草精1茶匙

楓糖漿1茶匙（加或不加均可）

奇亞籽1湯匙

無麩質燕麥片1/2杯

不加糖或甜味劑的植物奶（我用腰果奶。但如此一來就不能算是無堅果食譜了）

細磨海鹽1小撮（加或不加均可）

1. 依食材在清單上的出現順序，在罐子裡放進所有食材。重點是首先必須混合檸檬汁與香蕉，才能避免香蕉浸泡一夜變成褐色。

2. 在罐裡添加所有食材之後，立即蓋上蓋子搖晃，混合所有食材。接著將罐子放進冰箱裡過夜，或者是存放在冰箱裡6~8小時。

3. 早上將想吃的分量倒進碗或玻璃杯中。接著將莓果、堅果，或是核果類的配料放在碗或杯子頂端，不然也可將它們層層疊疊加在倒出來的早餐裡。藍莓與胡桃是我特別喜歡的配料。

備註

－諸如椰子花蜜、椰糖或棗糖等不含精製糖的甜味劑，都能用來取代楓糖漿。

－要是不想添加糖分，食材裡的楓糖漿可省略不用。在此同時，不妨另外為餐點加上2~3匙以熟成香蕉製成的香蕉泥。

迷你咖啡南瓜瑪芬 Mocha Pumpkin Mini Muffins

分量：24人份

將南瓜、咖啡和巧克力混在一起，聽起來可能有點怪，不過研發食譜在某種程度上，不僅可測試食材的極限，也可藉由研發過程讓自己在混亂中找到有價值的東西。混合巧克力與咖啡，不會破壞你烹調的餐點，但是在食材裡混合南瓜又會如何？如果在瑪芬（或餅乾）裡摻入南瓜，它會在餐點中自然展現出焦糖般的質感，這是其他食材所無可比擬的特性。

備料時間：15分鐘　烹調時間：13分鐘

材料：

金黃亞麻籽粉3湯匙

濃咖啡1/2杯

粗杏仁粉3杯

椰糖1/3杯

小蘇打3/4茶匙

細磨海鹽1/2茶匙

肉桂1/4茶匙

純素迷你巧克力片3/4杯（如果想做巧克力淋醬，另外再多準備純素迷你巧克力片1/4杯）

南瓜泥2/3杯（罐裝南瓜泥含有的水分較低，所以用罐裝南瓜泥更好）

香草精1湯匙

備註

－測量無麩質穀粉時所用的技巧見本書第12頁。

1. 烤箱先預熱至攝氏180度，並為瑪芬烤盤鋪上紙模。

2. 在小型攪拌碗中攪拌金黃亞麻籽粉及咖啡，混合後靜置一旁。

3. 將粗杏仁粉、椰糖、小蘇打、海鹽與肉桂加進中型或大型攪拌碗裡，混合後拌入3/4杯純素迷你巧克力片。

4. 在混合金黃亞麻籽粉的咖啡裡，添加南瓜泥與香草精妥善攪拌，再將液體食材加進乾燥食材，以木匙拌勻。由於此時製成的麵團非常黏稠，可能得花1~2分鐘才能充分拌勻所有食材。

5. 接下來以（容量約1湯匙的）挖球器或湯匙，在迷你瑪芬烤盤每格烤模各放進2勺麵團。然後以手指將麵團壓進烤模，直到麵團填滿烤模。接著讓麵團表面變得平坦，並烤13分鐘，烤到麵團表面摸起來稍微有點硬，邊緣也開始轉為褐色。

6. 完成烘烤後，先將瑪芬烤盤放上烘培冷卻架靜置10分鐘，再從烤盤中取出瑪芬，在烘培冷卻架上繼續冷卻。

7. 如果想做淋醬，不妨在瑪芬冷卻時製作。此時得將剩餘的巧克力片放進微波爐融化，或是將巧克力片放入平底鍋或雙層鍋再加熱融化。接著以茶匙將巧克力淋醬緩緩淋在已經冷卻的瑪芬上。做好的瑪芬放進密閉容器，在室溫下或冰箱裡均可妥善保存5~7天，也可以冷凍保存2~3個月。需在食用前從冷凍櫃裡取出瑪芬，解凍數小時即可食用。

來 點 變 化

這些食材若不做成瑪芬，也可以做成餅乾。只要跟著食譜說明做到步驟4，然後舀一湯匙麵團放進手掌揉成球狀，再將麵團壓平為0.6公分厚的圓盤狀。接下來將壓平的麵團放在已經鋪上烤盤紙的金屬烘烤盤上，以攝氏180度烤8分鐘。當麵團開始變成褐色，邊緣也開始變得酥脆，就從烤箱裡取出金屬烘烤盤，讓餅乾在烤盤上冷卻5~10分鐘。之後將餅乾放在烘培冷卻架上，讓餅乾完全冷卻。

蘋果胡蘿蔔瑪芬蛋糕 Apple Carrot Cake Muffins

分量：12人份

這些用來款待自己的甜食，既能成為理想早餐，拿來當作假日聚會中的甜點也是一絕。在瑪芬中完美混合水果和烘烤香料，不僅會使你吃瑪芬時感受到滿滿的秋意，烘焙瑪芬所散發的香味，也會吸引大家走進廚房。

備料時間：15分鐘　烹調時間：20分鐘

材料：

金黃亞麻籽粉**2湯匙**

不加糖或甜味劑、味道清淡的植物奶**1/3杯**（如腰果奶或杏仁奶）

粗杏仁粉**2杯**

無麩質燕麥片**1杯**

葛鬱金粉**1/4杯**

椰糖**1/4杯**

肉桂**1茶匙**

磨碎的肉豆蔻**1/2茶匙**

薑泥**1/2茶匙**

小蘇打**3/4茶匙**

細磨海鹽**1/2茶匙**

過熟的香蕉**1大根**（壓泥，分量約**1/2杯**）

香草精**2茶匙**

蘋果醋**2茶匙**

蘋果**1大顆**（削皮去核後，切成每邊約**0.6公分**的小丁）

磨碎的胡蘿蔔**3/4杯**

備註

－測量無麩質穀粉時所用的技巧見本書第12頁。

1. 烤箱先預熱至攝氏180度。然後在烤模上輕輕抹點油，或是為瑪芬烤盤鋪上紙模。

2. 接著在小碗中攪拌金黃亞麻籽粉和植物奶，充分混合後靜置一旁，做成亞麻蛋。

3. 在中型或大型攪拌碗裡加進粗杏仁粉、無麩質燕麥片、葛鬱金粉、椰糖、肉桂、肉豆蔻、薑泥、小蘇打與海鹽並攪拌或攪打均勻。

4. 之後在亞麻蛋裡添加香蕉泥、香草精與蘋果醋攪打均勻。

5. 將液體食材加進乾燥食材，並以木匙充分混合所有食材製成麵糊。由於此時製成的麵糊很稠，可能需要1~2分鐘才能混勻食材。之後在麵糊裡輕輕拌入蘋果與胡蘿蔔。要是碗裡的麵糊稠得難以混合，不妨加1~2湯匙植物奶。

6.用標準規格的冰淇淋勺或湯匙，在每個瑪芬烤模中放進1/4杯左右的麵糊。麵糊質地濃稠，因此得用手指或湯匙背部將麵糊壓進烤模裡。之後烘烤約25分鐘，烤到瑪芬表面露出褐色，而且用牙籤插入，取出時也不會沾有麵糊。

7.從烤箱裡取出烤盤，先讓瑪芬在烤盤中冷卻15分鐘，再從烤盤取出瑪芬，放在烘培冷卻架上。烤好的瑪芬放進密封容器，置於冰箱可保存1週。

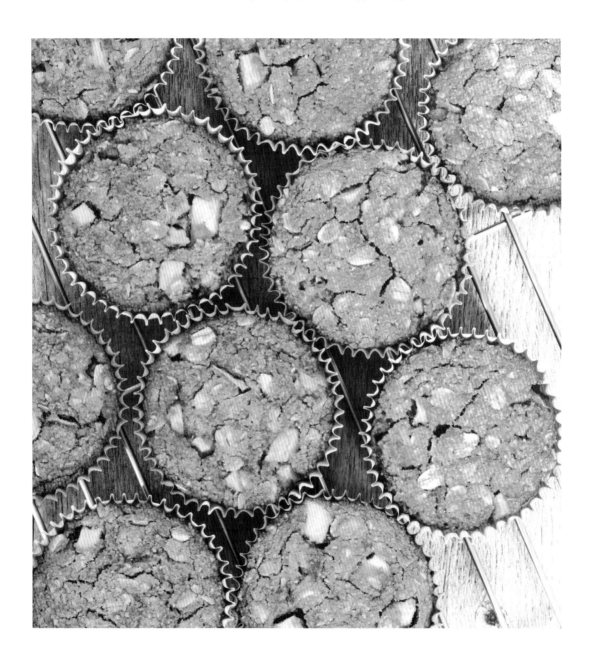

甜蜜的金黃鬆餅 Sweet Golden Pancakes

分量：約8個（每個鬆餅直徑約為10公分）

某些日子就是該吃鬆餅。像是霭霭白雪落在美國維吉尼亞州小鎮的山丘頂上之際，當晨光降臨大地，我們就會覺得好像該為自己備妥一壺熱咖啡、配上一些金黃鬆餅，以及一盤由我特製的洋菇培根。拿張椅子坐下，享用裝在盤裡的餐點，同時望著雪花在眼前飄落

備料時間：10分鐘　烹調時間：8分鐘

材料：

不加糖或甜味劑的植物奶**1杯**（此處用腰果奶）

不加糖或甜味劑的蘋果醬**1/4杯**

檸檬汁**2茶匙**

香草精**1茶匙**

粗杏仁粉**1杯**

白米粉**3/4杯**

木薯粉或木薯澱粉**1/2杯**

椰糖**3湯匙**

小蘇打**1又1/2茶匙**

細磨海鹽**1/4茶匙**

備註

－測量無麩質穀粉時所用的技巧見本書第12頁。

1. 在小型料理碗加進植物奶、蘋果醬、檸檬汁與香草精，攪拌或攪打均勻後靜置一旁。

2. 接著以中型料理碗混合粗杏仁粉、白米粉、木薯粉、椰糖、小蘇打和海鹽。

3. 將液體食材加進乾燥食材，攪拌或攪打製成麵糊。當碗中食材都已拌勻，靜置麵糊5~10分鐘，讓麵糊變得濃稠。

4. 以中火加熱不沾的平底烤盤或平底鍋。若在鍋裡滴幾滴水，水滴在鍋裡舞動，代表熱鍋完畢，可以煎鬆餅了。

5. 此時以量杯量取1/4杯麵糊，倒在平底燒烤盤上，讓麵糊慢慢延展開來，成為一個0.6公分厚、直徑10公分的圓形鬆餅。

6. 依鬆餅大小繼續煎3~5分鐘，直到鬆餅邊緣顏色變暗沉。煎這種鬆餅時，鬆餅表面出現的泡泡不會像煎傳統鬆餅時那麼多。之後為鬆餅翻面，再多煎一下。上桌前不妨在上面添加楓糖漿、堅果醬，或是鋪上水果作為配料。

祕訣：做好的鬆餅放入密封容器，置於冰箱可保存2~3天，放在冷凍櫃則可保存2個月。要加熱鬆餅的話，只需將鬆餅放進烤麵包機或烤吐司的小烤箱，加熱2~3分鐘。

備註

─以發芽南瓜籽或葵花籽取代胡桃,就能做成無麩質版本。與此同時,也可以用味道清淡又不含
　堅果的植物奶(像是燕麥奶),來代替食材裡的腰果奶。另外,要增加這道餐點的分量,可以
　說是輕而易舉,所以也能用來當作配菜。

甜美蔬食糊 Veggie Porridge

分量：1人份

以蔬食作為早餐？我肯定你會想這麼做，而且你還會因此開啓美好的一天！食材中的菠菜與胡蘿蔔，會巧妙地為這道餐點架起一道五顏六色的蔬菜彩虹，胡桃則提供蛋白質與健康油脂。與此同時，葡萄乾會為它注入令人愉悅的香甜滋味，而亞麻籽腰果醬隱約散發的肉豆蔻與肉桂香，還會為它提供ω-3脂肪酸。況且除了作為早餐，無論在任何一餐，它也足以成為很棒的配菜。

備料時間：5分鐘　烹調時間：5分鐘

材料：

金黃亞麻籽粉**1湯匙**

不加糖或甜味劑的腰果奶**3湯匙**

嫩菠菜葉**2杯**

磨碎的胡蘿蔔**1/3杯**

黃金葡萄乾**1/4杯**

胡桃碎**1湯匙**

磨碎的新鮮肉豆蔻（根據個人口味適量添加）

磨碎的肉桂（根據個人口味適量添加）

如果希望餐點更甜，可添加甜菊（**stevia**）

1. 先以小型攪拌碗混合金黃亞麻籽粉和腰果奶，靜置一旁。

2. 在小型附蓋長柄湯鍋中放1茶匙濾過的水，並以中小火加熱。之後加進菠菜、磨碎的胡蘿蔔、葡萄乾，以及胡桃碎，再輕輕翻攪混合所有食材約2~3分鐘，直到菠菜與胡蘿蔔咬起來都不會再發出清脆聲響，但還不至於軟爛為止。為了避免翻攪食材時損及蔬菜，執行這個步驟時，不妨以料理夾輕輕翻攪食材。

3. 烹煮蔬菜與其他食材期間，同時在亞麻籽腰果奶中添加肉豆蔻與肉桂攪拌均勻。如果希望餐點更甜，也可以依個人口味在亞麻籽腰果奶中適量添加甜菊。

4. 之後將混合其他食材的亞麻籽腰果奶加進附蓋長柄湯鍋，並以料理夾輕輕翻攪蔬菜。隨後讓鍋子離火，立即上桌。

排毒蔬果汁 Detox Juice

分量：1~2份

對於水果榨汁，大家的見解分為兩派。其中一派相信要得到所需的養分，將水果榨汁飲用這種方式，對健康很有助益。另一派則相信蔬果去除果肉葉肉與外皮，會濃縮蔬果外形，不利身體消化吸收。我不認為水果榨汁的結果會如此極端，畢竟生活中有些時候或者某些季節，將水果榨汁飲用，是人體汲取營養的可行替代方案。像我先前脊椎手術後，我的目標是要讓身體痊癒這段過程可以發揮最大效用，並且讓免疫系統能在這段期間保持強健，當時我希望能獲得大量營養，於是我藉由喝這種蔬果汁，以及吃原型食物與蔬食餐點來達到目標。如果不將這些食材做成蔬果汁，我還另外準備了一份果昔食譜，它保留了食材的果肉與葉肉。這兩種選項任君選擇！

備料時間：5分鐘　烹調時間：無

材料：

胡蘿蔔1根（削皮）

中等大小的櫛瓜1/2根

中等大小的黃瓜1/2根

小白菜葉3片

蘿蔓萵苣1把

紅蘋果1顆（必須使用有甜味的品種，例如脆蜜蘋果〔Honeycrisp〕）

萊姆1顆（削皮）

1. 清洗所有食材後，再依照榨汁機投料管口徑大小，將所有食材都切成合適尺寸。接著將食材投入，並動機器榨汁。

2. 榨好的蔬果汁攪拌均勻後先倒進玻璃杯，再以保鮮膜覆蓋杯子，才能密封玻璃杯，藉此保存蔬果營養。隨後將玻璃杯放進冷凍櫃10分鐘。之後取出玻璃杯，就能立即享用！

排毒果昔

先為胡蘿蔔、櫛瓜、黃瓜、蘋果與萊姆削皮。然後將已經削皮的蔬菜水果、濾過的水1/4杯，以及冰塊1杯，全都放進高速調理機。剛開始攪拌時，可能會需要以高速調理機的攪拌棒將食材往下壓。為了讓果昔的濃度如你所願，攪拌過程中也許會需要另外添加水或冰塊。

營養筆記

這份食譜中的每項食材，都會為身體帶來豐富營養。

胡蘿蔔含有大量抗氧化劑。維他命A除了能讓眼睛變得健康，也會使皮膚細胞恢復活力。

櫛瓜不但能提供相當數量的維他命B6、維他命C、維他命K、維他命B2，以及葉酸，它也有抗氧化劑，而且能抗發炎。

黃瓜是膳食纖維、鉀和鎂的良好來源。

小白菜不僅含有大量維他命A、維他命C，以及維他命K，它也是鈣質、鎂、鉀與鐵質的一流來源。

蘿蔓萵苣是維他命A、維他命C、維他命K，以及葉酸的重要來源。

蘋果充滿植物性化合物（phytochemical），會協助你的身體清除體內毒素，同時減輕肝臟負擔。

萊姆除了能提供許多維他命，它的類黃酮（flavonoids）含量也特別高，而類黃酮會促使消化作用健全。

湯品、沙拉和調味料

藜麥韭蔥濃湯 Quinoa Leek Buisque

分量：**4人份**

這道濃湯裡淡淡的堅果味，配上彷彿含有乳脂般的滑順口感，讓大家都猜不到當中不含奶製品。在冷冽的日子裡以這道濃湯填飽肚子，無疑能替你帶來所需的溫暖舒適。

備料時間：15分鐘　烹調時間：20分鐘

材料：

橄欖油**1湯匙**（若不想加油，拌炒時可選用蔬菜高湯或水。至於無油煎炒的方式，見本書第17頁）

韭蔥**2根**（只用蔥白。蔥白必須先縱向對切，再切成片，使它成為半月形）

大蒜**2大瓣**（剁碎）

西洋芹莖**1根**（切丁）

細磨海鹽**1/2茶匙**

磨細的黑胡椒少許

未經加工處理的腰果**1/2杯**（須先浸泡）

蔬菜高湯**3杯**（烹調過程中在不同步驟分別添加）

尚未烹煮的發芽藜麥**1/2杯**（須先沖洗）

紅酒醋或檸檬汁**1湯匙**

不加糖或甜味劑的植物奶（稀釋濃湯時可用）

如果想裝飾餐點，可用胡蘿蔔丁或蝦夷蔥碎來點綴

備註

─依這份食譜開始下廚前，得先浸泡腰果。相關技巧見本書第17頁。

1. 先用大型湯鍋以中火熱油。在鍋裡加進韭蔥、大蒜和西洋芹，再添加鹽與胡椒翻炒，炒到西洋芹開始變成半透明，仍需偶爾翻攪食材。

2. 炒蔬菜的同時，在果汁機放進腰果和一杯蔬菜高湯，以中速或中高速攪拌約1~2分鐘，讓食材質地變得柔滑，做成腰果奶油。

3. 在炒蔬菜的湯鍋加入藜麥，翻炒1分鐘。然後在鍋裡加進剩餘的2杯蔬菜高湯，並在高湯煮沸後調降火力，以小火繼續煮15分鐘。接著在翻攪食材後，讓鍋子離火冷卻5分鐘。

4. 接下來這個步驟，依照果汁機容量大小，可能需要分批進行：先在果汁機放進混合藜麥的蔬菜和腰果奶油，再蓋上蓋子，但得稍微用手開個小縫，這麼做可以讓果汁機散熱，避免攪打過程中因熱度上升而導致杯中壓力增強。

5. 之後強力攪打數次，切碎蔬菜，再以中速或中高速攪拌，使質地變得滑順。接下來小心移開蓋子，加進紅酒醋或檸檬汁，再重新蓋上蓋子，繼續攪拌到所有食材均勻混合。若不用果汁機執行這個步驟，也可將腰果奶油加進湯鍋裡，再以多功能攪拌棒完成這道程序。

6. 立即將濃湯端上餐桌，並以磨碎的胡蘿蔔或切碎的蝦夷蔥裝飾擺盤。

祕訣： 若希望濃湯熱熱地上桌，不妨將做好的濃湯再放回湯鍋中加熱。如果想要稀一點，也可以在果汁機或湯鍋中的濃湯裡再多加點植物奶。不過這麼做可能會改變濃湯風味，因此想多加點植物奶的話，不建議加超過1/2杯。

簡易燉湯 Simple Skillet Soup

分量：4人份

儘管一年四季的晚餐都很適合喝這道湯，然而當身體不適時，它更會成為你的救星。要是你正與感冒搏鬥，雖然此時你最不該做的事就是親自下廚，不過這時也正是你最需要自製餐點中營養精華的時候。這道湯品不但簡單易做，還富含抗氧化劑、植物性蛋白質、維他命，以及礦物質，而上述營養素都能幫你從難熬的病痛中痊癒，對於一般保健也有相當的助益！

備料時間：5分鐘　烹調時間：30分鐘

材料：

橄欖油1茶匙（如果希望做成無油版本，拌炒時可選擇用蔬菜高湯）

中型甜洋蔥1顆（須切碎，分量約為1杯）

大蒜末3湯匙

乾燥牛至1/2茶匙

紅椒粉1/2茶匙

細磨海鹽1/2茶匙

粗磨黑胡椒1/4茶匙

蔬菜高湯950毫升左右

新鮮芫荽1/2杯到3/4杯（須切碎）

15盎司（約425公克）罐裝北美白腰豆1罐（毋需完全瀝乾）

15盎司（約425公克）罐裝黑龜豆1罐

1. 先以大型或深型平底鍋，用中火加熱橄欖油。接著炒洋蔥和大蒜5分鐘，或炒到洋蔥呈半透明且略帶褐色。拌入牛至、紅椒粉、鹽，以及黑胡椒，再多炒1~2分鐘。

2. 在鍋裡加入蔬菜高湯並攪拌食材，以免有洋蔥或大蒜在拌炒過程中黏在鍋底。然後將火力提升至中大火，再依個人偏愛的口味，拌入芫荽烹煮5~7分鐘。等鍋裡的湯微微沸騰後調降火力，以小火慢燉，讓湯維持接近沸騰的程度。

3. 將兩種豆類罐頭裡的湯汁都先瀝掉1/4~1/2左右。之後將豆子加進平底鍋裡，用小火慢慢燉煮5分鐘左右，等湯重新煮到快要沸騰的地步，再多煮10分鐘。如果想要調整湯的滋味，此時不妨先嚐嚐味道，再為鍋裡的湯調味。

4. 之後讓鍋子離火，並以馬鈴薯壓泥器輕壓豆類約10分鐘，再攪拌鍋中食材。儘管鍋子裡的豆類以馬鈴薯壓泥器輕壓之後，大部分會保持完整，但充分搗壓豆類，卻能使湯變濃。接著把鍋子放回爐火上，繼續讓湯維持即將沸騰的狀態至少5分鐘，而且必須定時攪拌，直到湯的濃度如你所願。等到鍋裡的湯變得比較濃稠，再多搗壓豆類幾次，並使湯維持即將沸騰的狀態多煮10~15分鐘。煮好的湯放進密封容器，置於冰箱可保存3~5天。

備註

－上菜時的選擇：倘若你想喝更營養一點的湯，不妨在步驟4延長烹煮時間，並稍微再多搗壓鍋子裡的豆類幾次。如此一來，煮出來的湯就會比較濃稠。

迷迭香馬鈴薯玉米濃湯 Rosemary Potato and Corn Chowder

分量：5~6杯

在秋收尖峰煮這道濃湯，最能充分表達出秋日豐收的感覺。食材裡的奶油南瓜、馬鈴薯、玉米和洋蔥，都是這道濃湯的主要成分，讓它富有營養，百里香與迷迭香則賦予它強烈氣味，口味質樸。與此同時，南瓜和玉米的甜味，平衡了香草植物與馬鈴薯為它帶來的辛香鹹味。它除了會徹底溫暖你全身上下，也能當作正餐填飽肚子，並滿足身體需求。況且歷經了漫長一天的工作之後，只要加熱它，就能迅速備妥一餐。

備料時間：10分鐘　烹調時間：30分鐘

材料：

橄欖油1茶匙

中等大小的甜洋蔥1顆（切丁，分量約為1杯）

蒜末3湯匙

細磨海鹽1茶匙（烹調過程中在不同步驟分別添加）

乾燥百里香1/2茶匙

乾燥迷迭香1/2茶匙

卡宴辣椒粉1/8茶匙（根據個人口味添加）

奶油南瓜1又1/2杯（削皮後切成每邊1.3公分的奶油南瓜丁）

白馬鈴薯450公克左右（削皮後切成每邊1.3公分的白馬鈴薯丁，分量約為3杯）

蔬菜高湯2杯

不加糖或甜味劑且味道清淡的植物奶1杯（若使用腰果奶，則為含堅果的版本）

檸檬汁2茶匙

甜玉米1杯（須先瀝乾）

備註

—如果希望濃湯不含油，不妨以蔬菜高湯或水取代食譜中的橄欖油。至於無油煎炒的方式，見本書第17頁。

1. 先用容量約6公升的鍋子或大型湯鍋，以中火加熱橄欖油。然後在鍋裡加進洋蔥、大蒜、1/4茶匙的鹽、百里香、迷迭香，以及卡宴辣椒。加入百里香與迷迭香時，須用手指撚碎香草植物。之後炒5~6分鐘左右，讓洋蔥呈半透明。

2. 在鍋子裡加進奶油南瓜、馬鈴薯、以及剩餘3/4茶匙的鹽。此時須頻繁攪動食材，再多炒約5分鐘，或者是炒到南瓜和馬鈴薯都開始變軟。

3. 加入蔬菜高湯和植物奶，並在湯汁煮沸後調降火力，以小火燉煮15~20分鐘。燉煮期間仍需偶爾攪動食材。等南瓜和馬鈴薯都煮得軟到用叉子就能輕易刺穿或者切碎，再將火力調降為小火。

4. 之後從鍋裡取出一杯濃湯加進果汁機，並蓋上蓋子，但蓋子必須稍微打開，用手扶一下。這麼做可以讓果汁機散熱，避免攪拌過程中因熱度上升，使杯內壓力增強。也可移開果汁機蓋子中央小蓋，再以毛巾覆蓋取下蓋子後出現的小孔。接著以高速攪拌，讓濃湯質地變得滑順。然後再加進檸檬汁，以高速繼續攪拌幾秒，讓檸檬汁能與濃湯混合。倘若希望做出來的濃湯質地更滑順，此時可以再加第2杯濃湯，和原先預拌好的濃湯一起攪拌，使質地變得滑順。

5. 接著將果汁機裡的濃湯倒回鍋子，和其餘濃湯混在一起。然後在鍋裡添加甜玉米，並將所有食材攪拌均勻，再讓鍋子開小火幾分鐘，讓食材味道能彼此融合，趁熱端上餐桌。做好的濃湯放進密封容器，置於冰箱可保存數日，如果存放在冷凍櫃，則可保存數月。要加熱濃湯時，只需將濃湯放進鍋裡蓋上鍋蓋，以中小火加熱到濃湯變熱，但過程中必須頻繁攪拌。若要讓濃湯變稀，不妨加2~3湯匙植物奶或蔬菜高湯。

華爾道夫乳脂沙拉 Creamy Waldorf Salad

分量：8人份（作為配菜用）

這是烹飪界的大躍進！早在一八九三年，當時有個人在美國紐約華爾道夫酒店裡說：「我想到一個很棒的點子，這是一道包含蘋果、西洋芹和美乃滋的餐點！」雖然大家可能會有些遲疑，但這個點子真有新意！這道香甜可口的沙拉意外大獲成功，而我設計的沙拉除了是出眾的開胃小點，還能作為配菜，而且無論如何，這道底下鋪著蔬菜的沙拉，以輕食來說已經夠豐盛了。我特別喜歡這道沙拉的一點就是它能靈活運用。你希望它成為帶有甜味的配菜嗎？只要在醬料中再加些椰糖即可。想要它辛香味更濃厚？不妨加點蒜粉。就請動手做出專屬於你的獨創沙拉吧！

備料時間：20分鐘　烹調時間：無

材料：

未經加工處理的腰果1杯（須先浸泡）

不加糖或甜味劑的植物奶1/2杯（我用腰果奶）

檸檬汁4湯匙（烹調過程中在不同步驟分別添加）

蘋果醋1茶匙

細磨海鹽3/4茶匙

芥末醬1/4茶匙

蒜粉1/4茶匙（加或不加均可）

紅蘋果塊兩杯（蘋果必須去核後切成小塊，每塊約1.3公分）

對半切開的紅葡萄1杯

黃金葡萄乾1/2杯

剁碎的美國山核桃或胡桃1/2杯

西洋芹切丁1/4杯

如果希望餐點端上桌時可以添加綠葉，請再準備波士頓萵苣（Boston lettuce），或者是萵苣綠葉

備註

—依這份食譜開始下廚前，得先浸泡腰果。浸泡腰果的技巧見本書第17頁。

1. **製作沙拉醬**：先在果汁機或食物調理機加入浸泡後的腰果、植物奶、2湯匙檸檬汁、蘋果醋、鹽、芥末醬和蒜粉。接著強力攪打數次，把腰果打碎，然後以高速攪拌，讓食材質地變得滑順。

2. **製作沙拉**：將已經切塊的蘋果放進中型攪拌碗，再灑上剩餘的2湯匙檸檬汁。然後攪拌所有食材，讓蘋果塊表面都沾覆檸檬汁。為了避免蘋果塊氧化變色，此步驟必須在蘋果切塊後立即進行。

3. 在放了蘋果塊的碗裡添加葡萄、葡萄乾、美國山核桃和西洋芹，然後拌勻。

4. 在沙拉上摻入1/2杯沙拉醬輕輕攪拌，讓食材均勻混合。倘若希望能摻入大量醬料，此時不妨額外加點沙拉醬。也可保留一些醬料，等沙拉冰鎮後再拌入。

5.儘管沙拉做好後可以立即食用，但最好冰鎮1小時再吃。如果希望能為沙拉多摻點醬
　料，不妨等沙拉冰鎮後再加。做好的沙拉放進冰箱，可保存2~3天。

花椰菜「蛋」沙拉 Cauliflower "Egg" Salad

分量：8人份（每份1/2杯）

這份食譜每年都蟬聯我部落格裡最熱門的食譜之一。即便這道沙拉的菜名像是有加蛋，但它其實是以植物為主要食材。多虧食材裡的清蒸花椰菜，這道沙拉看起來和吃起來都跟傳統沙拉很像，可夾在美味的三明治或捲餅之中。我偏好的盛盤方式就是將它放在一碗新鮮蔬菜上。還可做為野餐時的午餐，不用擔心食物會壞掉！

備料時間：35分鐘　烹調時間：20分鐘

材料：

花球為中等大小的花椰菜1顆

未經加工處理的腰果3/4杯（須先浸泡）

營養酵母片1茶匙（根據個人口味適量添加）

不加糖或甜味劑的植物奶1/4杯

鮮榨檸檬汁2大湯匙

細磨海鹽1/2茶匙

黑胡椒少許

事先做好的芥末醬3/4茶匙

蒜鹽1/4茶匙

蒜粉1/4茶匙

中等大小的青蔥3支（切碎）

中等大小的紅椒1/3顆（切丁）

中等大小的西洋芹莖1根（切丁）

青橄欖切碎1/3杯

備註

一開始下廚前，得先浸泡腰果。浸泡腰果的方式請見本書第17頁。話雖如此，要做美乃滋前，卻可以完全不需先浸泡腰果。屆時做好的美乃滋裡，其他食材已經完全融合，只保留極小的腰果碎片，這些碎片會讓沙拉的口感更討喜。

1. 將花椰菜的花切成中等大小並蒸熟。蒸花椰菜約20分鐘，用叉子就能輕易刺穿或是切碎。若不希望花椰菜切碎後變成菜泥，請注意別蒸過頭。花椰菜蒸好後放在金屬烘烤盤上冷卻。

2. 蒸花椰菜期間，同時將腰果和營養酵母、植物奶、檸檬汁、鹽、黑胡椒、芥末醬、蒜鹽與蒜粉都放進果汁機裡，若決定攪拌前不先浸泡腰果，此時就以高速攪拌食材，讓食材質地變得滑順，或者是攪拌到除了腰果小碎片以外的其他食材，質地都變得柔順（請見備註欄說明）。此在這個步驟製成的腰果美乃滋分量約為3/4杯，做好後靜置一旁。

3. 接下來將已經冷卻的花椰菜，先放一半到食物調理機裡，強力攪打10下左右，將花椰菜都切成花椰菜丁。要是你用小型食物調理機，執行這個步驟時，可能需要分批進行。也就是要將下一批花椰菜切成丁前，得先取出調理杯裡的花椰菜丁。如果不用

食物調理機執行這個步驟，也可以親手將花椰菜切成丁。等到所有花椰菜都已經切丁，就將花椰菜丁全都倒進大型攪拌碗裡。

4.在花椰菜裡添加已經切碎的青蔥和切丁的紅椒、西洋芹和青橄欖，再輕輕混合。如果想為食材調味，此時不妨加上鹽、黑胡椒與蒜鹽，為食材稍微調味。

5.將腰果美乃滋倒在已經混合的蔬食上輕輕攪拌，攪拌時須小心別將碎花椰菜都搗成泥。拌入腰果美乃滋時，不需要講究地將所有美乃滋都沾覆在蔬菜丁表面，讓它能完美融合食材。但要是你偏好沙拉潤澤一點，不妨多加點美乃滋。剩餘的美乃滋必須放進附有蓋子的罐子裡冷藏，並且在5~7天內用完。

變 化 款

如果要以這份食譜做出不含堅果的沙拉，可用現成的無堅果純素美乃滋3/4杯取代腰果美乃滋，並將營養酵母用量減為1/2茶匙，同時將植物奶用量降為2湯匙，或是加到美乃滋口感變得黏稠即可。除此之外，檸檬汁的用量也得減少為1湯匙。然後在上述食材中，混合腰果美乃滋食譜裡的其餘調味料。

鷹嘴豆「偽雞肉」沙拉 Chickpea "Chicken" Salad

分量：4人份

這道萬用沙拉，每嚐一口都會帶給你豐富的滋味與口感，保證能滿足你對三明治的熱切渴望！要是此時想吃點辣，不妨加點卡宴辣椒。還是你喜歡蒜味？那麼就剁碎一瓣蒜瓣加在裡面。你也可以加點葡萄或蔓越莓乾，讓這道沙拉有點甜味。能加進這道沙拉裡的食材還很多，用萵苣綠葉或墨西哥薄餅捲起來吃也很可口。

備料時間：15分鐘　烹調時間：無

材料：

未經加工處理的腰果3/4杯（須先浸泡）

不加糖或甜味劑的植物奶1/4杯（此處用腰果奶）

鮮榨檸檬汁2湯匙

細磨海鹽3/4茶匙（烹調過程中在不同步驟分別添加）

蒜粉1/2茶匙（烹調過程中在不同步驟分別添加）

事先做好的芥末醬1/4茶匙（根據個人口味適量添加）

黑胡椒少許

15盎司（約425公克）的鷹嘴豆1罐（沖洗後瀝乾）

中等大小的西洋芹莖1根（切丁）

中等大小的甜洋蔥1/2顆（切丁）

中等大小的小紅蘿蔔3顆（切丁，分量約1/3~1/2杯）

備註

－浸泡腰果的技巧請見本書第17頁。

1. 先在食物調理機或果汁機放入腰果，再加進植物奶和檸檬汁，攪拌至食材質地滑順。攪拌過程中如有需要，請刮淨調理杯壁，接著加海鹽1/2茶匙、蒜粉1/4茶匙，以及芥末醬與黑胡椒，強力攪打數次，讓所有食材均勻混合。

2. 在食物調理機放進鷹嘴豆強力攪打，或讓調理機切碎鷹嘴豆，直到調理杯裡除了少量鷹嘴豆依舊完整，大部分鷹嘴豆的尺寸都已經變成原本的1/4~1/2。倘若不以食物調理機執行這個步驟，也可以親手剁碎鷹嘴豆。之後將已經碎成小塊的鷹嘴豆放進大型攪拌碗裡。

3. 在放了鷹嘴豆的碗中添加西洋芹、甜洋蔥和小紅蘿蔔，以木匙輕輕混合。然後撒上剩餘的1/4茶匙海鹽和1/4茶匙蒜粉，再度混合碗中食材。

4. 在已經混和其他食材的鷹嘴豆裡，一次倒進數湯匙沙拉醬輕輕混合。之後依你希望做出來的沙拉乳脂含量多寡，再適量加點醬料。儘管這道沙拉做好就能立即享用，但冷藏後風味更佳。要端上這道沙拉時，可將它放在麵包上做成三明治，也能在底下為它鋪上蔬菜。吃剩的沙拉放進密封容器，置於冰箱最多可保存5~7天。

甜香辣的玉米豆類沙拉 Sweet and Spicy Corn and Bean Salad

分量：8杯

這道五顏六色的沙拉富含多樣口感與多重風味，讓人食指大動。它不但很容易做，出現在晚餐的餐桌上時也色香味俱全。這道沙拉充滿營養，除了能滿足身體需求，吃時彷彿為自己注入一劑蛋白質！雖然以營養觀點來說，將它作為晚餐，可以讓所有營養一次到位，因為它又甜又辣，要是希望餐點菜色有大幅變化，也可以將它加在其中，作為很棒的配菜。

備料時間：20分鐘　烹調時間：無

材料：

罐裝黑龜豆1罐

罐裝黑眼豆1罐

不加糖或甜味劑，玉米粒也完好無損的罐裝甜玉米粒1罐

大顆紅椒1/2顆（切丁，分量約1/2杯）

大顆青椒1/2顆（切丁，分量約1/2杯）

西洋芹切丁1/2杯

甜洋蔥切丁1/2杯

巴西里碎1/2杯

椰子花蜜2湯匙

蘋果醋2湯匙

酪梨油1/4杯（可用胡桃油、葡萄籽油，或者是橄欖油代替）

卡宴辣椒粉1/8茶匙（如果你偏好更辛辣的口味，可加多一些）

細磨海鹽1/2茶匙（依個人口味適量添加）

備註

－要找到這類豐富的新鮮產品，其實不太容易，但是要在市場裡買到製作這道沙拉用的食材，卻相當容易。

1. 黑龜豆與黑眼豆都先沖洗後瀝乾。如果不是用冷凍玉米作為食材，玉米也同樣必須沖洗後瀝乾。接著將上述食材放進蔬果瀝水籃小心搖晃，藉此去除多餘水分。然後將瀝水籃靜置一旁，晾乾食材。也可將黑龜豆、黑眼豆和玉米散置在廚房紙巾上，讓紙巾為食材吸收多餘水分。

2. 在大碗中放入切成丁的紅椒、青椒、西洋芹、甜洋蔥，和已經切碎的巴西里，靜置一旁。

3. 在小碗中攪打椰子花蜜與蘋果醋。攪打均勻後，在碗裡加油、卡宴辣椒粉，以及海鹽。此時除了必須一次加一種食材，也必須在每次添加食材後，都重新攪打食材。

4.接下來將黑龜豆、黑眼豆,以及玉米都加進大碗,和已經切碎的蔬食與巴西里一起輕輕拌勻。然後爲沙拉淋上調味醬並徹底混合。混合翻轉食材時須小心,避免將豆類和玉米都搗成泥。隨後立即將沙拉端上餐桌,或冰鎮後再上桌。做好的沙拉放進密封容器保存,第二天品嚐時不僅會和前一天同樣美味,咀嚼時的口感也同樣清脆!這道沙拉做好後最多可保存4~5天。

嫩芝麻菜玉米沙拉 Baby Arugula and Corn Salad

分量：6人份

說起這道沙拉，我不確定我最愛它的哪個部分，可能是鮮黃色的玉米在沙拉裡突然現身，彷彿是作爲背景的庭園綠意所襯托出來的小小寶石。也可能是食材裡的玉米香甜爲芝麻菜的辣味增色，使得沙拉裡的芝麻菜更加美味。否則也可能是由於製作這道沙拉，只要花五分鐘就能做好。這道沙拉不僅能靈活運用，賣相也很好。無論是好好盛在碗裡，或者是裝在大型淺盤中，這道十足鮮脆的沙拉，還很適合放在質地柔滑細膩的湯品旁作爲配菜，像是藜麥韭蔥濃湯（食譜見本書第50頁），也適合搭配摻有泰國羅勒義式白醬的餐點一起享用（食譜見本書第188頁）。

備料時間：5分鐘　烹調時間：無

材料：

新鮮嫩芝麻菜8杯

酪梨油1湯匙

檸檬汁1茶匙

蒜鹽1/4茶匙

海鹽與黑胡椒（根據個人口味適量添加）

完好無損的玉米粒1杯（必須瀝乾）

1. 先將芝麻菜放進中型或大型攪拌碗。

2. 在小碗裡添加酪梨油、檸檬汁、蒜鹽、鹽與黑胡椒攪打均勻，製成沙拉醬。如果比較喜歡在沙拉裡摻入大量醬料，要加倍製作這種沙拉醬也很容易。

3. 接著將沙拉醬倒在芝麻菜上，以料理夾輕輕攪拌。之後再加進玉米，並再度輕輕攪拌，藉此充分混合食材。

黃瓜沙拉佐酪梨奶油醬 Creamy Avocado Cucumber Salad

分量：4人份

要是你像我一樣，也是酪梨愛好者，那麼當酪梨大致成熟，你很可能就會開始精心安排，打算以酪梨入菜。瞧，這份食譜是由你眼前所見的成熟酪梨，和數量明顯受限的其他食材組成，沒想到吧？有些時候，最令人滿意的食譜，是因為提出像「我懷疑酪梨與黃瓜吃起來搭不搭」這種問題，再想出絕佳的解決之道，才催生出來。自從研發出這份食譜，每週我都至少做一次這道沙拉。這份食譜肯定會使你做出來的沙拉更千變萬化！

備料時間：10分鐘　烹調時間：無

材料：

英國黃瓜2又1/2杯（切成圓片，每片厚度約0.3公分）

中等大小的紅洋蔥1/2顆（切成薄片）

成熟酪梨1大顆

萊姆汁2湯匙

酪梨油2湯匙

不加糖或甜味劑的植物奶2湯匙

細磨海鹽1/4茶匙（為了讓黃瓜出水，不妨多準備一些）

蒜粉1/8茶匙

蒜鹽1/8茶匙

黑胡椒少許

1. 先將黃瓜片放進蔬果瀝水籃，並在上面輕輕抹鹽。之後將瀝水籃放進廚房水槽5分鐘，讓多餘的水分能從黃瓜裡滲出。接著沖洗黃瓜片，再以廚房紙巾吸乾上面的水分。隨後將黃瓜片移入中型攪拌碗裡。

2. 碗裡添加紅洋蔥，和黃瓜片一起靜置一旁。

3. **製作沙拉醬**：酪梨削皮後切成四等分，再去除果核，然後放進食物調理機或果汁機裡。接著先強力攪打，將酪梨都切成小塊，再加進萊姆汁、酪梨油、植物奶、海鹽、蒜粉、蒜鹽與黑胡椒，攪拌至食材質地變得滑順。此時做成的沙拉醬分量，會根據使用的酪梨大小而定，大約2/3杯。

4. 之後用已經混合其他食材的酪梨沙拉醬，為黃瓜片與洋蔥調味。輕輕攪拌到黃瓜片與洋蔥都裹上醬汁，就把做好的沙拉盛在家庭號盤子裡，或者是分裝為一人一份，立即端上餐桌。

備註

－如果要做不含油的沙拉，不妨用水取代食譜中的酪梨油。

蘆筍藜麥馬鈴薯沙拉 Asparagus Quinoa Potato Salad

分量：12人份

這道沙拉改寫了傳統馬鈴薯沙拉的面貌，不僅富含營養，嚐起來的滋味也和它看起來同樣令人驚歎，還漂亮到讓人都快捨不得吃下肚了！食材裡鮮豔的紫色馬鈴薯和深綠色蘆筍，無論放在哪張餐桌上都令人愉快，再加上藜麥風味類似堅果，食材裡還摻入檸檬與大蒜，在它們的烘托之下，這道沙拉絕不可能讓人只吃一份就滿足。它可以溫熱食用，也能作爲冷食。總之不管以哪種方式享用都很可口，而且還很適合當野餐點心。

備料時間：25分鐘　烹調時間：30分鐘

材料：

尚未烹煮的發芽藜麥1/2杯（沖洗後瀝乾）

濾過的水1杯

蒜瓣1瓣（必須切片）

海鹽2~4撮（烹調過程中在不同步驟分別添加）

新鮮蘆筍450公克左右（蘆筍愈細愈好）

紫馬鈴薯450公克左右（毋需削皮）

檸檬汁6湯匙（大約是2顆檸檬榨出的汁）

黑胡椒少許

橄欖油2茶匙（烹調過程中在不同步驟分別添加）

中等大小的蒜瓣6瓣（剁碎後在烹調過程中不同步驟分別添加）

未經加工處理的腰果1杯（須先浸泡）

珠蔥1/2顆（必須削皮後切片）

不加糖或甜味劑的植物奶1/2杯（此處用腰果奶）

1. 先在蔬果瀝水籃放入藜麥，以冷水徹底沖洗。然後在附蓋長柄湯鍋放進藜麥、濾過的水、蒜片和1撮鹽，煮到鍋裡的水沸騰後，轉小火續煮約8分鐘，讓藜麥能完全吸收鍋裡的水。此時藜麥看起來應該已經呈半透明，而且藜麥胚芽脫離，纏繞在藜麥周圍。隨後讓鍋子離火冷卻，取出蒜片丟棄。

2. 烹煮藜麥期間，同時洗淨蘆筍和馬鈴薯，並將它們放在茶巾上吸乾水分。接下來切除蘆筍底部又粗又乾的部分，再將蘆筍莖切成段，每段長度爲2.5公分左右。

3. 之後將馬鈴薯切成楔型小塊，放進大型湯鍋，並加進足以蓋過馬鈴薯的水。接著在鍋裡加1撮鹽，開始煮馬鈴薯。等到鍋裡的水煮沸，就轉小火煮約8~10分鐘，讓馬鈴薯都煮軟到用叉子就能輕易刺穿或切碎。由於太快就煮熟馬鈴薯，會使它變得糊爛或支離破碎，所以我建議不妨每5分鐘，就查看馬鈴薯煮得如何。煮好的馬鈴薯瀝乾後放進大碗，淋上3湯匙檸檬汁，並撒上黑胡椒，再輕輕拌勻。隨後靜置一旁冷卻。

備註

－依這份食譜開始下廚前，得先浸泡腰果。

－要烹調這道沙拉的前一晚，可以先煮好藜麥後，將它放進密封容器冷藏。等到要做這道沙拉時，再從冰箱裡取出藜麥，同時在你烹調馬鈴薯沙拉期間，讓藜麥恢復為室溫。

－如果要做不含油份的沙拉，不妨以蔬菜高湯或水取代食譜中所用的橄欖油。至於無油煎炒的方式，見本書第17頁。

4. 在中型或大型平底鍋中央，放1茶匙橄欖油和已經剁碎的蒜瓣3瓣，以中火燒煮，並在鍋子邊緣散置蘆筍。等橄欖油熱到開始冒泡，就混合蘆筍、大蒜與橄欖油，翻炒約5~7分鐘，讓蘆筍炒到有幾分軟，但仍保留些許清脆口感。此時鍋裡的大蒜，應該都已經炒成不深不淺的褐色。隨後將已經與其他食材翻炒過的蘆筍放在盤子上冷卻。翻炒後的蘆筍放進碗裡會變得更熟，還可能會因而出水，此時別將蘆筍放進碗中。除此之外，鍋裡的橄欖油和大蒜都必須保留，之後用來做沙拉調味醬，因此這時候別洗鍋子！

5. 在平底鍋放進剩餘的1茶匙橄欖油，以及剩下的剁碎蒜瓣3瓣，以小火翻炒，將大蒜炒成金褐色。之後為大蒜和橄欖油緩緩加進剩餘3湯匙檸檬汁輕輕攪拌，將食材做成鍋底醬[1]。在此提醒：由於檸檬汁倒進鍋裡可能會飛濺四散，所以加檸檬汁的時候必須一次倒一點。隨後讓鍋子離火，靜置一旁冷卻。

6. 在食物調理機或高速調理機放入浸泡過的腰果，再添加已經混合檸檬汁與大蒜的橄欖油醬汁以及珠蔥，攪拌到腰果分解為小塊。接著添加植物奶，攪拌到食材混合為濃稠沙拉醬料。若要稀一點，不妨再多加點植物奶，但必須一次加1湯匙。

7. 在放了馬鈴薯的大碗裡加進蘆筍輕輕混合。當所有食材混合之後，就立即添加藜麥輕輕攪拌。接著在沙拉上倒進一半分量的檸檬腰果沙拉醬，再翻轉攪拌，讓沙拉能緩緩混合沙拉醬。此時可依個人口味，再適量多加點沙拉醬。之後以海鹽與胡椒調味，就能端上餐桌。這道沙拉既能以室溫享用，也可以冰鎮再吃。要是你期待嚐到風味更濃郁的沙拉，不妨將它放進冰箱。如此一來，沙拉滋味就會變得比較濃烈。做好的沙拉放進密封容器，置於冰箱可保存5~7天。

1 譯註：做鍋底醬（deglaze）是一種西式烹飪技巧，意指用水、酒、醋等液體溶解烹飪過程中殘留在鍋底的食材菁華，將它做成醬汁。

番茄油醋汁 Tomato Vinaigrette

分量：大約3/4杯

沙拉醬對沙拉的滋味影響甚鉅。所以無論沙拉是主食，還是被當作配菜，享用沙拉時，必然會加上大量醬料。我在家主要使用的沙拉醬，就是這道番茄油醋汁。它不僅非常香濃，下廚時想以簡單的方式取代油與醋時，它也是很棒的替代品。爲了能完美運用它，請務必確定你做沙拉時用的萵苣已經去除多餘水分。如此一來，沙拉醬才會黏附在生菜葉上，而不會最後都留在碗底。

備料時間：5分鐘　烹調時間：無

材料：

中等大小的番茄1顆（切丁，分量約2/3杯）

細磨海鹽1/2茶匙

橄欖油1湯匙

紅酒醋1湯匙

卡宴辣椒粉少許（根據個人口味適量增減）

黑胡椒少許

祕訣： 如果要爲這道醬汁增添其他風味，不妨在其中添加其他食材，像是芫荽，或者是墨西哥辣椒丁。

備註

－製作這道沙拉醬用的番茄可以保留表皮，也可以去皮。如果希望能爲番茄去皮，請見步驟1。

1. 要是比較喜歡番茄去皮，就先燒開一小鍋水，然後在番茄底部劃個「✕」字，而且字的切口必須穿透番茄表皮。接著將番茄放入熱水1分鐘後取出，再放進裝了冰水的盆裡約2分鐘，直到番茄冷卻。隨後由冷水中取出番茄，爲番茄剝皮。這時候應該只要稍微用力，番茄皮就會剝落。

2. 將番茄丁放入小碗，在上面撒鹽，再以叉子搗碎。接下來靜置約3分鐘，讓海鹽吸收番茄汁。

3. 在裝了番茄丁與番茄汁的碗裡添加其餘食材後攪打均勻。接著嚐嚐味道，再依你偏愛的滋味爲醬料調味。做好的醬料放進密封容器，置於冰箱可保存3~4天。

芫荽萊姆油醋汁 Cilantro Lime Vinaigrette

分量：3/4杯芫荽萊姆油醋汁

這道油醋汁極爲清爽，又辛辣開胃，用它來爲比布萵苣（bibb lettuce）這類清淡可口的萵苣，以及爲尼斯綜合生菜[2]裡的蔬菜調味，都再適合不過。它除了能爲你的沙拉帶來豐富鮮明的風味，還會讓沙拉保持輕盈爽口，不會影響你的生菜葉片滋味。

備料時間：5分鐘　烹調時間：無

材料：

橄欖油1/4杯

萊姆汁1/4杯

新鮮芫荽切碎後裝得滿滿的1/4杯

不加糖或甜味劑而且味道清淡的植物奶1/3杯加1湯匙（如果製成的油醋汁未必要不含堅果，我會用燕麥奶或腰果奶）

細磨海鹽1/4~1/2茶匙

黑胡椒少許（根據個人口味適量添加）

先在果汁機放進所有食材。如果需要的話，此時不妨根據個人口味，以鹽與胡椒調味。接下來先強力攪打數次，再以高速攪拌，讓食材質地變得滑順，製成油醋汁。做好的油醋汁放進密封容器，置於冰箱可存放3~4天。

2 譯註：尼斯綜合生菜（Mesclun）是由法國尼斯（Nice）附近一家修道院的修士所想出來的餐點。其中混合至少五種不同的菜苗與生菜葉片，包括常用來作爲沙拉的萵苣、野苣（mâche）、芝麻菜、菊苣（chicorée）、紫菊苣（radicchio）、闊葉苦苣（scarole）、橡葉生菜（feuille de chêne）等等。

田園沙拉醬 Ranch Dressing

分量：2杯左右

根據這份常用食譜製成的沙拉醬，可以身兼數職。儘管它滋味香濃，也以植物為主要食材，而且口感相當細膩，但要轉變它的用途，用它來塗三明治，或者是沾蔬食或餅乾吃，也都沒有問題。所以它是我的常備醬料。

備料時間：5分鐘（不含浸泡腰果的時間）　烹調時間：無

材料：

未經加工處理的腰果1杯（須先浸泡）

不加糖或甜味劑的植物奶2/3杯（我用腰果奶。如果希望做出來的沙拉醬比較稀，可以再多準備些植物奶）

檸檬汁3湯匙

細磨海鹽1茶匙

事先做好的芥末醬3/4茶匙

蒜粉1/2茶匙

洋蔥粉1/2茶匙

紅椒粉1/4茶匙

黑胡椒1/4茶匙

乾燥香芹1湯匙

乾燥蝦夷蔥2茶匙

乾燥蒔蘿3/4~1茶匙

備註

－依這份食譜開始下廚前，得先浸泡腰果。浸泡腰果的技巧見本書第17頁。

　選擇減少蒔蘿用量的替代方案：如果不想依食譜用量添加蒔蘿，也可減半，同時另外加上蒜粉和洋蔥粉各1/4茶匙。

1. 先在果汁機放進腰果，再添加植物奶、檸檬汁、海鹽、芥末醬、蒜粉、洋蔥粉、紅椒粉和黑胡椒強力攪打，藉以打碎腰果，並混合所有食材。當腰果打成非常小的碎片，就立即將果汁機調為高速，攪拌約2~3分鐘，讓食材變得質地滑順。為了刮淨調理杯內側，攪拌過程中必須不時暫停。

2. 接著添加香芹、蝦夷蔥與蒔蘿，攪拌至上述香草植物都變成小碎片。倘若沒有過度攪拌，此時製成的沙拉醬雖然因為添加香草植物而呈現極淺的綠色，但它嚐起來依舊美味。做好的沙拉醬放進密封容器，置於冰箱可保存5~7天。

草莓蜜桃奇亞籽果醬 Strawberry Peach Chia Jam

分量：2杯左右

這份食譜是應我自己的需要而生的。因為我的下午茶要有甜食才會完整，而且還必須不含精製糖。雖然依這份食譜製成的果醬，如今已成為我的下午茶固定搭檔，不過它在我家受歡迎的程度，卻讓我必須加倍製作。不管是拿來搭早上吃的吐司，或是你特別喜愛的鬆餅都很適合，況且將它塗抹在最典型的花生果醬三明治裡，還會賦予三明治完美口感。製作這種果醬母需使用果膠，也不需要吉利丁或罐裝食品。再說你還能依個人喜好，改成用你偏好水果來製作，像是藍莓、覆盆子或梨子，為自己量身打造果醬食譜。

備料時間：5分鐘　烹調時間：20分鐘

材料：

草莓切碎1杯

桃子切片1杯

椰子花蜜2湯匙

楓糖漿1湯匙

香草精2又1/2茶匙

奇亞籽1又1/2茶匙

1. 在果汁機裡放進草莓、桃子、椰子花蜜、楓糖漿和香草精，攪拌至食材質地滑順。

2. 將已經混合的食材倒進小型湯鍋，以中火烹煮，而且過程中必須偶爾攪拌。煮到快沸騰時轉小火再多煮5分鐘。

3. 之後在鍋裡加進奇亞籽拌勻，再以小火煮15分鐘。為了避免食材黏在一起，燉煮時必須攪拌食材。隨後讓鍋子離火。但鍋子離火後，果醬會持續變稠。

4. 將果醬倒進碗裡冷卻。做好的果醬放進密封容器，置於冰箱存最多可保存2週。

椰奶鮮奶油 Coconut Whipped Cream

分量：3/4~1杯

雖然椰子有某種天然甜味劑，但如果希望做出來的鮮奶油滋味更香醇濃郁，就可以在食材裡添加甜味劑、香草，或兩種都加。這種加在餐點上方作為配料的打發鮮奶油椰子味淡到幾乎令人察覺不到。所以它能搭配的餐點，從什錦水果杯到香濃潤澤的巧克力蛋糕都包括在內，可以說是所有餐點的絕佳搭檔。只是當你要做這種簡易椰奶打發鮮奶油，請務必確定椰奶在使用前，已經冰鎮至少十到十二個小時了。

備料時間：5分鐘　烹調時間：無

材料：

椰奶380公克（別用淡椰奶）

甜味劑1~2湯匙（加或不加均可。建議用楓糖漿或椰子花蜜）

香草精或香草豆1/2茶匙（加或不加均可）

備註

－為了避免製作過程中遇上可能發生的問題，例如椰奶放進冰箱卻沒有油水分離，或者是沒有結塊變硬，購買罐裝椰奶前，不妨先輕輕搖晃罐頭。要是聽見液體在罐頭裡晃動的聲音，最好就別買。

1. 先將椰奶罐頭放進冰箱冰鎮一夜。這麼做是由於椰奶必須冰鎮至少10~12小時，其中的乳脂與水才會徹底分離

2. 要做打發鮮奶油的1小時前，先將小型或中型攪拌碗和攪拌器一起放入冷凍櫃裡冰鎮（使用金屬攪拌碗更好）。

3. 從冰箱裡小心取出椰奶罐頭。如此一來，罐頭中已經分離的乳脂與水才不會混在一起。隨後翻轉罐頭，使罐底朝上，此時罐頭裡的椰子水會在乳脂上方。接著打開罐頭，倒出椰子水（這時倒出的椰子水，我會保留用來做思慕昔）。然後刮淨罐頭裡剩下的凍結乳脂，放進冰鎮過的攪拌碗裡。

4. 接著以電動攪拌器攪打乳脂約30秒，讓乳脂質地變得滑順。然後在碗裡添加甜味劑與香草，並依個人口味適量調整甜度。之後重新攪打乳脂30~60秒，讓食材均勻混合，做成質地蓬鬆的打發鮮奶油。以椰奶製成的打發鮮奶油置於冰箱可保存1~2週，這一點和用奶類與奶類製品做成的打發鮮奶油不同。儘管從冰箱裡取出椰奶打發鮮奶油時，它的質地堅硬，但當周圍溫度變暖，就會軟化。

純素酸奶油 Vegan Sour Cream

分量：1杯

許多年前，為了降低我所設計的食譜帶來的人體負擔，我開始用酸奶油來取代美乃滋。後來我開始吃蔬食，迫使我要盡快找到不錯的替代品，用來代替我珍愛的酸奶油！要是你希望能讓某道餐點滋味變得濃郁，這種酸奶油有你需要的馥郁質地與香濃乳脂。要讓熱騰騰的墨西哥香辣捲餅（enchilada）或墨西哥傳統捲餅（burrito）冷卻時，你也可以運用它。除此之外，對所有類型的沾醬來說，它也是很棒的基礎食材，例如可以用它來做黑龜豆沾醬（食譜請見本書第93頁）。

備料時間：5分鐘　烹調時間：無

材料：

未經加工處理的腰果1杯（須先浸泡）

濾過的水1/2杯

檸檬汁2湯匙加1茶匙

蘋果醋1茶匙

細磨海鹽1/4茶匙左右

備註
—浸泡腰果的相關技巧請
　見本書第17頁

1. 先在調理機放進所有食材，以中低速攪拌到腰果都碎成小塊，再以中高速攪拌至食材質地滑順。為了刮淨調理杯內側，攪拌過程中必須不時暫停。

2. 之後嚐嚐酸奶油的滋味，並根據個人偏好調味。如果想調整做出來的酸奶油味道，不妨再多加些鹽，或者再加點檸檬汁。要是希望酸奶油風味更強烈些，也可以再添加蘋果醋。做好的酸奶油放進密封容器置於冰箱，可以保鮮1週。

純素瑞可塔乳酪 Vegan Ricotta Cheese

分量：2杯

瑞可塔乳酪除了口感細緻，也很能爲餐點增添風味，況且它還是義大利千層麵的重要成分之一，而這種瑞可塔乳酪，甚至還能說服你最因襲守舊的乳酪愛好者朋友與家人，使他們相信用這種蔬食乳酪下廚，什麼都不會犧牲。做這種瑞可塔乳酪時，我總是會額外多做一些，用來當作傍晚點心吃的餅乾抹醬！

無論是當作純素櫛瓜千層麵（見本書第181頁）裡的夾層，或者用它來做我研發的烤瑞可塔義式開胃麵包片（見本書第163頁），還是把它當作餅乾抹醬，這種瑞可塔乳酪都很可口。

備料時間：5分鐘　烹調時間：無

材料：

未經加工處理的腰果**2杯**（須先浸泡）

檸檬汁**3湯匙**

乾燥牛至**1又1/2茶匙**

細磨海鹽**1又1/2茶匙**

乾燥羅勒**1茶匙**

蒜粉**1/4茶匙**

黑胡椒**1小撮**

腰果奶**1/2杯**

備註

－浸泡腰果的技巧見本書第17頁。

　替代方案：
　澳洲胡桃或杏仁都能取代食譜中的腰果，也可以用其他味道清淡的植物奶來代替腰果奶。

先在食物調理機或高速調理機，放進除了腰果奶以外的所有食材，攪拌至所有食材體積縮減，只剩下小小片狀。爲了刮淨調理杯內側，攪拌過程需不時暫停。接著添加腰果奶，攪拌到做出來的乳酪口感如你所願。傳統瑞可塔乳酪的質地中，會嚐得到細微的凝乳。做好的瑞可塔乳酪放進密封容器，置於冰箱可保存5~7天。

純素帕馬森乳酪 Vegan Parmesan Cheese

分量：1杯

我小時候最愛做的事情之一就是晃動有金屬蓋的小玻璃罐，讓帕馬森乳酪從玻璃罐裡抖落，鋪上披薩片。從玻璃罐掉下來的這種塊狀物，除了帶有奶油味的營養成分，還柔軟耐嚼，所以它完全貢獻了披薩該有的滋味與口感。我花了好幾個星期琢磨這份食譜，好讓這種帕馬森乳酪無論在滋味與口感上，都能臻於完美。這份食譜最棒的部分，就是它只需要五種食材，也只需要五分鐘備料，就能出現在你的純素披薩上。

備料時間：5分鐘　烹調時間：無

材料：

未加工的腰果3/4杯

未加工的大麻籽仁（也稱「火麻仁」）1茶匙

細磨海鹽3/4茶匙（要是你比較喜歡做出來的乳酪滋味較鹹，也可以多用點鹽）

蒜粉1/4茶匙

鮮榨檸檬汁2又1/2茶匙

米粉（rice flour）1茶匙（加或不加均可）

1. 先在食物調理機放入未經加工處理的腰果和大麻籽仁，磨成非常小的碎片。但請別過度磨碎食材，否則最後你會做出堅果醬。此時混合後的食材質地應該顯得粗糙。

2. 接著在已經混合其他食材的腰果上，均勻撒上海鹽與蒜粉，並灑上檸檬汁，再強力攪打數次混合。倘若你偏好滋味清淡些，不妨每次做乳酪時，只加1/4茶匙米粉就好。接著再強力攪打一或兩次，攪拌到做出來的帕馬森乳酪口感如你所願。做好的帕馬森乳酪放進密封容器，置於冰箱可保存1週。

備註

－可以用1茶匙橄欖油，取代食材清單裡的大麻籽仁，儘管如此一來，依這份食譜製成的帕馬森乳酪，就不再不含油份。更動食材後，做出來的帕馬森乳酪風味也會稍有變化──用大麻籽仁做成的帕馬森乳酪，特色是帶有泥土味（或者說是帶有草味），而以橄欖油製成的帕馬森乳酪，散發的奶油香比較濃郁。

有鑑於用1茶匙橄欖油作為食材，確實會導致成品水分略微增加，因此你可以用大約2又1/2茶匙白米粉，來稍微協助這種帕馬森乳酪，使它形成傳統帕馬森乳酪裡的顆粒。要是你發現自己不喜歡做出來的乳酪中額外增添的強烈氣味，不妨將檸檬汁用量減少1/2茶匙。

藍莓奶油乳酪 Blueberry Cream Cheese

分量：2杯

這份帶有水果味的「奶油乳酪」食譜，可以靈活運用的程度令人驚艷。所以我會依一年中不同時節來更動這份食譜。儘管我家總是常備這種以藍莓製成的奶油乳酪，不過如果你下廚時，想用這種奶油乳酪來取代切碎的草莓，也行得通。除此之外，每當石榴產季到來，我就會以石榴籽代替藍莓來做這種奶油乳酪，而且這時候的奶油乳酪成品帶有的鮮豔色彩，還會讓你享用早餐的餐桌看起來美極了！

備料時間：10分鐘　烹調時間：無

材料：

未經加工處理的腰果2杯（須先浸泡）

新鮮藍莓1杯

鮮榨檸檬汁3湯匙

蘋果醋2茶匙

椰子花蜜或楓糖漿1湯匙

香草精1/4茶匙

細磨海鹽1/8茶匙

備註

—浸泡腰果的相關技巧見本書第17頁。

妥善浸泡腰果，是自製奶油乳酪質地是否滑順的關鍵，所以要是用熱水浸泡腰果，我就會採用「加倍快速浸泡」的方式，也就是快速浸泡腰果兩次。當腰果變得柔軟易碎，對半切開也不會劈啪作響，就是已經可以用來製作奶油乳酪了。

先依每種食材在清單上出現的順序，在食物調理機裡放進所有食材。要是有馬達效能強勁的高速調理機，足以將食材攪拌得質地非常濃稠，也可用高速調理機執行這個步驟。接著強力攪打數次，藉以打碎腰果，再攪拌約3~5分鐘，讓食材質地變得滑順，做成藍莓奶油乳酪。

攪拌過程中必須不時暫停，才能刮淨調理杯內側。做好的藍莓奶油乳酪雖然能立即端上餐桌，不過冷藏一夜，嚐起來會更有風味。做好的藍莓奶油乳酪如果放進密封玻璃容器，置於冰箱可保存數日。

蝦夷蔥洋蔥奶油乳酪 Onion Chive Cream Cheese

分量：2杯

每當熱騰騰的貝果「砰」一聲跳出烤麵包機，在啃一口之前，我都會在上面放點有益健康的東西來作為誘因，讓我吃得比較心安。這種蝦夷蔥洋蔥「奶油乳酪」美味滑潤，還香氣撲鼻，也擁有我渴望的馥郁口感，它每次都能成為我的及時雨。要是希望做出來的成品特別濃烈，我就會再切一點青橄欖丁作為配料，並加進分量合適的卡宴辣椒粉。它除了抹在餅乾或吐司上同樣很棒，也足以作為玉米脆片的絕佳沾醬。

備料時間：10分鐘　烹調時間：無

材料：

未經加工處理的腰果2杯（須先浸泡）

鮮榨檸檬汁3湯匙

蘋果醋2茶匙

乾燥蝦夷蔥3茶匙

脫水洋蔥2茶匙

細磨海鹽1茶匙

洋蔥粉1/4茶匙

蒜粉1/8茶匙

不加糖或甜味劑的腰果奶1/3杯（或用其他不加糖或甜味劑，且味道清淡的植物奶取代）

備註

－浸泡腰果的技巧，見本書第17頁。妥善浸泡腰果是自製奶油乳酪質地是否滑順的關鍵，所以要是用熱水浸泡腰果，我會採行「加倍快速浸泡」的方式，也就是快速浸泡腰果兩次。當腰果變得柔軟易碎，對半切開也不會劈啪作響，就是已經可以用來製作奶油乳酪了。

先依每種食材在食材清單上的出現順序，在食物調理機放進所有食材。要是有馬達效能強勁的高速調理機，足以將食材質地攪拌得非常濃稠，執行這個步驟時，也可以用高速調理機。

之後攪拌約3~5分鐘，讓食材質地變得滑順，而且攪拌期間必須定時暫停，才能刮淨調理杯內側。儘管蝦夷蔥洋蔥奶油乳酪做好就能立即端上餐桌，但它冷藏一夜，嚐起來會更有風味。做好的蝦夷蔥洋蔥奶油乳酪若放進密封玻璃容器，置於冰箱可保存數日。

烤大蒜紅椒抹醬 Roasted Garlic and Red Pepper Spread

分量：2杯

大蒜未經烹煮時味道濃烈刺鼻，但經過烘烤，就變得溫和順口，也如堅果美味。這種抹醬結合烤大蒜與些許紅椒，使它帶有某種香甜氣息，況且食材裡還添加卡宴辣椒粉，讓它的風味更為出色。上述這些食材的搭配，是多麼別具特色！這種抹醬的柔滑細膩、馥郁香濃，以及均勻順口，都令人難以置信，不僅能塗在剛出爐的麵包餅乾和新鮮蔬果上，也可以抹在簡易墨西哥薄餅上（簡易墨西哥薄餅食譜請見本書第103頁）。既然它的用途如此廣泛，有時我還會把它放進鍋裡加熱，再加上一點點腰果奶，做成義大利麵醬料。

備料時間：10分鐘　烹調時間：35分鐘

材料：

未經加工處理的腰果1又1/4杯（須先浸泡）

烤大蒜1球（烤大蒜食譜請見本書第19頁）

不加糖或甜味劑的腰果奶1/2杯（也可以用其他不加糖或甜味劑，而且味道清淡的植物奶）

大顆的紅椒1/4顆（紅椒內膜和籽都須去除）

細磨海鹽1/2茶匙

磨細的黑胡椒1/4茶匙

卡宴辣椒粉1/8茶匙

先在高速調理機放進浸泡後的腰果，再從烤好的蒜球中擠出大約8瓣蒜瓣，藉此使蒜瓣脫離蒜皮，同樣放入調理機內（此時可根據個人口味或蒜瓣大小，適量增減蒜瓣數量）。然後緩緩攪拌，讓腰果碎裂開來。當腰果都碎成小塊，就立即加進腰果奶、紅椒、海鹽、黑胡椒和卡宴辣椒粉。

為防止調味料黏在杯內，剛開始須先慢慢攪拌，之後再改以高速攪拌，讓食材質地變得細滑柔順，製成抹醬。

接著嚐嚐抹醬滋味，並依個人口味以適量的鹽、胡椒，和卡宴辣椒粉調味。如果希望抹醬口感不要那麼濃稠，也可以額外再加少許植物奶。做好的抹醬放進密封容器，置於冰箱可妥善保存3~5天。

備註

－浸泡腰果的相關技巧請見本書第17頁。

－製作這種抹醬時，只有烘烤大蒜以及加熱用來浸泡腰果的水，才需要下廚烹調。「製作抹醬」這道程序本身，不需要烹調。

－要做成不含油的版本，只要烘烤大蒜時省略油份不用即可。

黑眼豆泥 Black-eyed Pea Hummus

分量：1又1/2杯

既然這份食譜是透過卡郡人[1]對美食的天賦，改良傳統食譜設計而成，根據它做出來的豆泥，就不是你每天吃的鷹嘴豆泥。這種豆泥以黑眼豆作為食材，比較不會造成人體負擔，再說食材裡的甜椒既能賦予它少許甜味，也能將它的風味提升至前所未見的層次。至於為它添加辣椒粉、紅椒粉和孜然，則讓它瞬間變得辛辣。雖然它可以和義式開胃麵包片、餅乾，以及作為開胃菜的法式蔬果沙拉一起端上餐桌，但我最喜愛的吃法，是將它和切片夏南瓜、櫛瓜，以及紅洋蔥一起拌炒。

備料時間：5分鐘　烹調時間：無

材料：

約425公克的罐裝黑眼豆1罐（沖洗後瀝乾）

中東芝麻醬1/4杯

紅椒、黃椒，或橙椒切丁1/4杯

鮮榨萊姆汁3湯匙，或檸檬汁2湯匙

剁碎的大蒜瓣1瓣

細磨海鹽3/4茶匙

辣椒粉3/4茶匙

紅椒粉1/2茶匙

孜然1/4茶匙

辣醬少許（根據個人口味適量添加）

溫水1~2湯匙（加或不加均可）

白醋1茶匙（如果用萊姆汁作為食材，加白醋可讓豆泥變得更酸）

鹽與黑胡椒（根據個人口味適量添加）

蝦夷蔥切碎（用來作為裝飾）

備註

－萊姆汁在這些食材裡發揮影響力的方式，我非常喜愛。它比檸檬汁稍微甜些，也能平衡黑眼豆為這種豆泥帶來的泥土味，而且我還喜歡再多加點白醋，好讓製成的豆泥變得更酸。要是你不吃萊姆，請不用拘泥於食譜限制，就以檸檬汁取代萊姆汁吧。

1. 先在食物調理機放進黑眼豆、中東芝麻醬、甜椒、萊姆汁或檸檬汁、大蒜、海鹽、辣椒粉、紅椒粉、孜然與辣醬強力攪打，讓所有食材切碎後混合均勻。接著攪拌約1~3分鐘，讓食材質地變得滑順，製成豆泥。

2. 要是做出來的豆泥太濃，不妨在食物調理機運轉時，透過投料管緩緩倒入溫水。不過在豆泥裡加溫水，必須一次加1湯匙，加到豆泥濃度如你所願。之後先嚐嚐豆泥滋味。如果希望豆泥更酸，不妨再添加白醋，並依個人口味，適量以鹽與胡椒調味。接著將豆泥移入碗中，或者用蝦夷蔥裝飾豆泥之後，將它端上餐桌，同時端上義式開胃麵包片、餅乾，或者是新鮮蔬菜，和豆泥一起享用。做好的豆泥放進密封容器，置於冰箱可保存3~4天。

1 譯註：卡郡人（Cajun）指住在美國路易斯安那州（Louisiana）的法裔加拿大人後裔。

黑龜豆沾醬 Black Bean Dip

分量：2又1/4杯

如果你希望有某道餐點，可以在聚會中大獲好評，客人都會來詢問它的做法，那麼不妨在聚會中，端上一大碗藍玉米墨西哥薄餅，並以這種黑龜豆沾醬作爲佐料。在依傳統食譜製成的黑龜豆沾醬裡，黑龜豆非常引人矚目，可是這種黑龜豆沾醬，卻以純素酸奶油、青辣椒和芫荽作爲食材混合製成。不僅使它與傳統黑龜豆沾醬不同，口感細膩又討人喜歡，也能完美搭配你特別喜歡的玉米脆片。未來在餐桌上，絕對會被大家吃個精光。

備料時間：7分鐘（不含製作酸奶油和冰鎮沾醬所需時間）　烹調時間：無

材料：

約**425**公克的罐裝黑龜豆**1**罐（沖洗後瀝乾）

純素美乃滋**1/2**杯

純素酸奶油**1/2**杯（食譜請見本書第**79**頁），或者用店裡購得的純素美乃滋

125公克切碎的罐裝青辣椒**1**罐（須先瀝乾）

乾燥芫荽**2**湯匙，或新鮮芫荽**1/4**杯（須切碎）

辣椒粉**1**茶匙

蒜粉**1/2**茶匙

辣椒醬少許（加或不加均可）

備註

－要是做這道沾醬時，你以純素酸奶油（見本書第79頁）作爲食材，那麼就得在做沾醬前預先浸泡腰果。只是如此一來，這份食譜就不再不含堅果。如果要做不含堅果的黑龜豆沾醬，不妨用在店裡購得的無堅果純素酸奶油。

先在中等大小的碗裡放入黑龜豆，再以叉子或馬鈴薯壓泥器，將黑龜豆搗壓成泥。接著在碗裡拌入美乃滋、酸奶油和青辣椒，再加進其餘食材，攪拌至均勻混合。之後將碗蓋上，放進冰箱冰鎮至少1小時。隨後就能將它和墨西哥玉米餅、餅乾，或者新鮮蔬菜一起上桌。

做好的黑龜豆沾醬放進密封容器，置於冰箱可保存3~5天。

大蒜香草浸泡油 Garlic and Herb Dipping Oil

分量：14份

用傳統義式沾醬來沾你所選的麵包吃，對於香草愛好者來說再適合不過了。食材裡的大蒜、羅勒與牛至，都會增添它的香味。與此同時，胡椒則為它增添一股嗆辣味。要享用這種沾醬，只需在香料櫃中備妥綜合乾燥香草植物，等剛出爐的麵包或佛卡夏冷卻，就伸手拿出綜合乾燥香草調製即可。況且附帶一個內有綜合香草調味料的漂亮罐子，加上一塊剛出爐的麵包，以及一瓶品質優良的橄欖油，也足以成為你參加喬遷派對的絕佳贈禮！

備料時間：5分鐘　烹調時間：無

材料：

乾燥羅勒1茶匙

乾燥牛至1茶匙

乾燥香芹1茶匙

乾燥紅辣椒碎片1又1/2茶匙

細磨海鹽1又1/2茶匙

蒜粉1茶匙

洋蔥粉1茶匙

現磨粗黑胡椒粒少許

特級初榨橄欖油（端上餐點時用）

1. 先將調味用的乾燥食材全都放進小碗、小罐，或者是冷凍保鮮夾鏈袋混合均勻。

2. 接著將已經混合的香草植物，放進密封容器1~2個月，藉此儲備乾燥香草植物。由於磨得比較細的香草植物，往往容易陷入罐底，所以要將乾燥香草植物平鋪在盤子上前，一定要先搖晃罐裡的綜合香草植物。

3. 將已經混合的乾燥香草植物放在大淺盤中，就端上餐桌。然後看你希望加多少橄欖油，就為香草植物緩緩淋上多少橄欖油，再將橄欖油與香草植物攪拌均勻。必須注意的是在使用這道浸泡油前，都不要混合綜合乾燥香草與橄欖油。如果要為每個人分別端上一份浸泡油，不妨在小點心盤裡放1茶匙綜合乾燥香草植物，再為香草植物淋上1湯匙橄欖油。倘若想依個人需求，為橄欖油與綜合乾燥香草植物增減分量，也都沒有問題。要是做好的浸泡油用剩，建議扔掉不要再用。

第六章

麵包和餅乾

巴西「乳酪」麵包 Brazilian "Cheese" Bread

分量：20個

葡萄牙文「Pão de Queijo」直譯為「乳酪麵包」。它除了是根據巴西傳統無麩質食譜做成的麵包球，也以輕盈爽口聞名。要是不熟悉巴西的乳酪麵包，那麼你可以期待即將嚐到的麵包，會以酥脆美味的外皮裹住柔軟耐嚼又閃閃發光的內餡——多麼獨特啊！依這份食譜製成的蔬食版巴西乳酪麵包，正如依原版食譜做成的巴西乳酪麵包，其中的養分和它的所有一切，全都有「乳酪味」。

再說為這種麵包調味，也能讓你獲得樂趣。有時我會在麵糊裡加1茶匙迷迭香，或者加義大利香料，否則也可以加帶有香草味的橄欖油，例如大蒜香草浸泡油（食譜見本書第95頁）。不然也可以用美味的義式番茄醬來做出可口的麵包沾醬。

備料時間：5分鐘　烹調時間：18分鐘

材料：

金黃亞麻籽粉1湯匙

濾過的水3湯匙

木薯粉或木薯澱粉1杯

馬鈴薯澱粉1/2杯（馬鈴薯澱粉和馬鈴薯粉不同）

細磨海鹽1茶匙

泡打粉1茶匙

純素莫札瑞拉乳酪（mozzarella cheese）刨絲裝得滿滿的1/2杯

不加糖或甜味劑的植物奶2/3杯（由於腰果奶味道清淡，而且風味細膩，所以我用腰果奶）

葡萄籽油、橄欖油，或胡桃油1/3杯（如果要在鍋子上抹油，就必須再多準備些）

備註

－測量無麩質穀粉時所用的技巧，見本書第12頁。

1. 烤箱先預熱至攝氏205度左右，並為迷你瑪芬烤盤抹點油。

2. 在小碗中放進金黃亞麻籽粉和濾過的水，拌勻後靜置一旁製成亞麻蛋。

3. 在在食物調理機或高速調理機放進木薯粉、馬鈴薯澱粉、海鹽與泡打粉，強力攪打數次拌勻。然後添加純素乳酪，再強力多打幾次，讓乳酪都碎成非常小的塊狀。

4. 亞麻蛋攪拌後，和植物奶及油份一起加進食物調理機或高速調理機，充分攪拌約30秒，讓食材質地變得滑順。

5. 將麵糊倒入迷你瑪芬烤盤烤模，或者用湯匙舀入麵糊，將麵糊填到距烤模頂端約1/8
處。此時若有烤模還是空的，就在烤模裡放1茶匙水。之後烤18~20分鐘，或者是烤
到以牙籤插進麵糊中央，取出牙籤時只沾有一點溼潤的麵包屑。這時烤盤裡的麵包外
皮雖硬，卻已經膨起又略帶褐色。烤好的麵包剛從烤箱裡取出時，儘管外皮堅硬，不
過冷卻1~2分鐘，麵包外皮就會軟化變得酥脆。從烤箱取出瑪芬烤盤之後，再從烤盤
裡拿出麵包，放到烘培冷卻架上3~5分鐘即可上桌。

吃剩的麵包放入密封容器，置於冰箱可保存3~5天。未來要加熱麵包，只需將每個麵
包球分別裹進微溼的廚房紙巾，再放入微波爐加熱5~10秒，就能妥善加熱。否則也可
以將它放進烤吐司的小烤箱，加熱1~2分鐘。

迷迭香麵餅 Rosmarino Flatbread

分量：1個（若烤成圓形，每個麵餅直徑為23公分左右）

儘管迷迭香、大蒜，以及牛至在這種麵餅中形成的均衡滋味令人愉快，而且還香得誘人，不過它的口感不是像麵團一樣，就是嚐起來酥酥脆脆。所以不妨根據自己希望嚐到的口感來烤這種麵餅！它除了是絕佳點心，也是討喜的佐餐食品，此外也很適合放在各種地中海餐點旁搭配享用。不妨在它剛出爐時配上你偏好的沾油，或者嘗試用我研發的大蒜香草油來搭配，好好享受一番。

備料時間：12分鐘　烹調時間：25分鐘

材料：

木薯澱粉或木薯粉1/2杯

葛鬱金粉1/2杯

白米粉1/2杯（如果揉麵團的時候要在廚房流理台上撒白米粉，不妨額外多準備些）

高粱粉或糙米粉1/4杯

馬鈴薯澱粉1/4杯

瓜爾豆膠（guar gum）2茶匙

粗杏仁粉1湯匙加2茶匙

泡打粉2又1/2茶匙

細磨海鹽1茶匙

蒜粉1/4茶匙

乾燥牛至1/2茶匙

水1杯

橄欖油1/4杯（烹調過程中在不同步驟分別添加。若要為金屬烤盤抹點油，不妨多準備些）

新鮮迷迭香兩大枝（作為配料）

粗磨海鹽（作為配料，加或不加均可）

1. 烤箱先預熱到攝氏200~220度左右（該如何選擇預熱溫度，請見備註欄烘烤選項說明），並以橄欖油稍微塗抹金屬烤盤。

2. 以中等大小的碗混合食材清單中的前七項食材，再添加泡打粉、海鹽、蒜粉和乾燥牛至。之後充分混勻食材，而且必須確定泡打粉已經均勻分散開來。

3. 隨後用另一個小碗混合水和2湯匙橄欖油，再將它加入前述乾燥食材，以木匙充分攪拌。當食材已經完全混合，碗裡應該就不會再有殘餘的乾燥粉狀食材。如果還有乾燥粉狀食材尚未混合，就在碗裡一次加1湯匙水繼續攪拌，直到所有食材黏合製成小型麵團。這個麵團應該很容易就揉成球狀，但其中不含水分。

4. 在流理台上放一小把白米粉鋪開之後，將麵團放在鋪了粉的流理台上。接著揉捏麵團4~5次，再將它揉成球，放在已經抹油的金屬烤盤上。然後用塗了油的手指讓麵團延展成圓形，或者是厚度約1.3公分的長方形。在此同時，也要用指尖在麵團表面製造一些小小的圓形凹洞，並在麵團表面與側邊，都刷上剩餘的橄欖油。

—烘烤麵團的時間與溫度
　變化，取決於你想嚐到
　的麵餅口感。若希望麵
　餅外酥內軟，就先以攝
　氏200度烤20分鐘，再
　將烘烤溫度提高到攝
　氏220度多烤5分鐘。
　要是希望烤出來的麵餅
　外皮呈酥脆的金褐色，
　咀嚼時清脆聲響，就以
　攝氏220度烤35分鐘，
　或者是烤到麵團呈金褐
　色。

—測量無麩質穀粉時所用
　的技巧，見本書第12
　頁。

5.切碎1湯匙新鮮迷迭香撒在麵團上，同時剪些完整的
　迷迭香葉，或是細小的帶葉迷迭香嫩枝，將它們放
　在麵團中央。如果希望在麵團上撒些粗磨海鹽，這
　時候也可以撒上。

6.備註欄已經說明該如何烤出你理想中的口感，請跟
　著指示做。烘烤完成時，就從烤箱取出麵餅，放在
　烘培冷卻架上。然後用刀或披薩滾刀切開麵餅，就
　能端上餐桌。

簡易墨西哥薄餅 Easy Tortillas

分量：**10張**（每個薄餅大小約為15公分）

若是你想要吃內餡豐富又沒負擔的餅皮，那麼墨西哥薄餅再適合不過了。這種無麩質墨西哥薄餅的滋味與口感都無與倫比，而且還只需要四種主要食材就能做成。不妨在兩片薄餅中，夾進一些純素乳酪與蔬食，將它做成美味可口的蔬食墨西哥乳酪餡餅。它還能用來做墨西哥香辣捲餅，或者是墨西哥塔可餅，否則也能做成你特別喜愛的捲餅享用。

備料時間：10分鐘　烹調時間：40分鐘

材料：

金黃亞麻籽粉**1湯匙**

溫開水**3湯匙**

白米粉**1又1/2杯**（要是壓平麵團製作餅皮時，需要在廚房流理台上撒點白米粉，不妨再多準備些）

葛鬱金粉**1/2杯**

細磨海鹽**1/2茶匙**

沸水**3/4杯**

備註

— 儘管這份食譜不含油，不過我煎墨西哥薄餅時，喜歡在鍋子上抹點油，好讓它稍微柔韌一點。

— 事先做好的麵團可以裹在保鮮膜裡，放進冰箱3~5天。如此一來，不但能提前製作麵團，需要剛出爐的墨西哥薄餅時，做好的麵團也會成為必要用品。

— 測量無麩質穀粉時所用的技巧，請見本書第12頁。

1. 用小碗混合金黃亞麻籽粉和溫水，然後靜置一旁。

2. 以中等大小的攪拌碗混合白米粉、葛鬱金粉，以及海鹽。

3. 將摻了溫水的金黃亞麻籽粉加進穀粉混合物中攪拌均勻。此時必須以木匙做出彷彿切割食材般的動作，藉此徹底混合上述兩項食材。之後在碗裡添加沸水，再以木匙拌勻。當大部分乾燥食材都已經吸收碗裡的水，成為麵團，就立即揉成球狀。這時做出來的麵團應該會容易黏手，但其中不含水分。倘若覺得做出來的麵團太乾，不妨再加點熱水，要一次加1湯匙。如果覺得麵團太過溼潤，則不妨加些白米粉，同樣必須一次加1湯匙。

4. 接著以白米粉覆蓋廚房流理台表面，同時在流理台上揉捏麵團4~6次。之後以保鮮膜或茶巾裹起麵團，以免製作墨西哥薄餅時，麵團表面會漸漸失去水分變乾。

5. 為了要做墨西哥薄餅，此時須先依製作過程中所需分量，在流理台表面撒上白米粉。然後掰一部分麵團揉成球狀（2茶匙麵團可以做出10張左右、尺寸為15公分），再朝流理台表面的白米粉按壓麵團，每一面必須壓平兩次。接下來用擀麵棍壓平麵團，或者用手持續按壓，直到麵團變成15公分寬的墨西哥薄餅為止。

6. 隨後以中等大小的不沾平底鍋，用中火或中大火煎薄餅，每面煎2分鐘左右。煎薄餅時，我喜歡用橄欖油稍微塗抹鍋子，讓薄餅變得更軟。煎好的薄餅可以放在金屬烤盤上，或者是鋪上烤盤紙的盤子裡，讓薄餅冷卻。吃剩的墨西哥薄餅放進密封袋，可以冷藏數日。要加熱薄餅的話，只要為它覆上蠟紙或微溼的廚房紙巾，再以微波爐用高火力加熱15秒。

純素墨西哥乳酪餡餅

雖然混合任何蔬食做純素墨西哥乳酪餡餅都很可口，不過我比較喜歡用的食材，是以刨成絲的純素切達乳酪混合莫札瑞拉乳酪（大約1/4杯），再加上剁碎的新鮮墨西哥辣椒與洋蔥！要做墨西哥乳酪餡餅時，先將你想用來作為餡料的食材都撒在墨西哥薄餅上（但餡料不要填得太厚，否則乳酪會無法融化），然後在餡料上放第二片薄餅，做成餡餅。接著將餡餅放入不沾鍋，以中小火煎大約3~5分鐘，讓餡料裡的乳酪融化。隨後將餡餅翻面，繼續煎另外一面，好讓乳酪完全融化。

三明治麵包 Sandwich Bread

分量：16片（每片厚度約1.3公分）

儘管每天都會出現更多嶄新的現成無麩質麵包任君選擇，不過其中多數麵包，都不是以植物作為主要食材，也都含有精製糖。這種麵包不僅達到這裡提到的所有指標，而且還不含堅果，況且做麵包時，也完全毋需揉麵。它除了溼潤耐嚼，還結實得足以支撐裡面添加的大量食材。尤有甚者，它還能切得很薄，卻不會支離破碎。無論是早上用它做成吐司塗上果醬，或者是中午將它做成三明治、晚餐時做成很棒的帕尼尼（panini），都很理想！

備料時間：15分鐘　烹調時間：35~40分鐘

材料：

不加糖或甜味劑的植物奶**1杯**（須恢復為室溫）

金黃亞麻籽粉**5湯匙**

溫水**3/4杯**（水溫約為攝氏43度）

楓糖漿或椰子花蜜**2湯匙**

活性乾酵母（active dry yeast）**1包**，或**2又1/4茶匙**

木薯粉或木薯澱粉**3/4杯**

白米粉**3/4杯**

無麩質燕麥粉**1/2杯**

馬鈴薯澱粉**1/2杯**

葛鬱金粉**1/2杯**

泡打粉**2茶匙**

小蘇打**3/4茶匙**

細磨海鹽**1/2茶匙**

精製椰子油**3湯匙**（須先融化）

蘋果醋或檸檬汁**2茶匙**

備註

－測量無麩質穀粉時所用的技巧，見本書第12頁。

1. 烤箱先預熱至攝氏175度，確認烤架放在烤箱中央。

2. 以小碗混合植物奶和金黃亞麻籽粉，靜置一旁至少5分鐘，讓碗裡的混合物變得濃稠，開始稍微形成凝膠。

3. 在小型攪拌碗倒進3/4杯溫水。此時倒進碗裡的水溫，應該會稍微高於皮膚溫度，大約是攝氏43度左右。會提到這件事，是由於在這個步驟倒進碗裡的水如果太燙，會導致酵母死亡，所以這時倒進碗裡的水溫度不能太高。接著在溫水裡拌入楓糖漿，再撒上酵母。輕輕攪拌後靜置一旁發酵至少5分鐘。當酵母開始繁殖，會看到碗裡形成一層泡沫。

4. 在酵母發酵過程中，以及金黃亞麻籽粉混合植物奶逐漸形成亞麻蛋這段期間，以大型攪拌碗混合木薯粉、白米粉、燕麥粉、馬鈴薯澱粉、葛鬱金粉、泡打粉、小蘇打與海鹽攪拌均勻。為了確定能徹底混合食材，執行這個步驟時，我喜歡用不鏽鋼攪拌器。

5. 在混合植物奶的金黃亞麻籽粉再加進椰子油與蘋果醋，攪拌至完全混合。執行這個步驟時，用小型不鏽鋼攪拌器會很有助益。隨後在酵母中添加已經混合其他食材的金黃亞麻籽粉，再輕輕攪拌混合。

6. 接著將液體食材加進乾燥食材，以木匙輕輕攪拌混合。此時必須留意，不要過度混合食材，否則最後做出來的麵包會比較塌。碗中所有食材混合後，濃稠程度應該類似麵糊，而比較不像麵團。

7. 將混合好的食材倒入尺寸約為長21.6公分、寬14.4公分，且抹上油脂的麵包烤盤裡。然後將烤盤放在溫暖處靜置約8~10分鐘，讓食材發酵。這個步驟做出來的麵包會有多高，取決於製作環境中的許多變數，像是室內溫度，以及你使用的酵母年分。除此之外，由於無麩質麵包結構通常比較鬆散，烤麵包時，也得注意別讓烘烤中的麵包高度超過烤盤頂端1.2公分，否則烤盤可能會裝不下。

8. 將麵包烤盤放在烤箱中央，烤大約35~40分鐘，或者是烤到用牙籤插進烤箱裡的混合物中央深處，取出牙籤時，卻沒有沾任何東西。然後從烤箱取出烤盤，放在烤架上冷卻約30分鐘。當麵包溫度已經降到足以徒手觸碰，就立即用奶油刀先快速劃過烤盤邊緣，再翻轉烤盤取出麵包。透過這種方式從烤盤取出麵包，應該會相對容易。如果要保存做好的麵包，我會用蠟紙裹起它，放進密封容器裡置於冰箱，可存放1週左右。

全麥餅乾 Graham Crackers

分量：40片

這種餅乾很快就能做好，用它來當日常零嘴或者是全麥餅乾派皮都再合適不過。它口感酥脆，又含有少許糖蜜（molasses），喝茶時就需要搭配這種點心。話雖如此，等烤好的餅乾冷卻，在兩片餅乾間放上一球純素冰淇淋，嚐起來會更美味。

備料時間：15分鐘　烹調時間：22分鐘

材料：

不加糖或甜味劑的植物奶**3湯匙**
（可多準備些，製作麵團時或許
會派上用場）

金黃亞麻籽粉**1湯匙**

無麩質燕麥粉**1杯**

白米粉**1杯**

木薯粉或木薯澱粉**1/2杯**

椰糖**3湯匙**

小蘇打**1/2茶匙**

細磨海鹽**1/4茶匙**

椰子油**3湯匙**（須先融化）

香蕉泥**3湯匙**（分量約為中等大
小的熟香蕉**1/2**根壓成泥）

黑糖蜜（blackstrap molasses）
2湯匙

香草精**2茶匙**

椰糖（加或不加均可）

肉桂（加或不加均可）

備註
－測量無麩質穀粉時所用的技巧，見本書第12頁。

1. 烤箱先預熱至攝氏175度左右，同時剪兩張烤盤紙，用來鋪在兩個金屬烤盤上。之後再剪第三張烤盤紙，尺寸相同，靜置一旁備用。

2. 接著以小型攪拌碗混合植物奶和金黃亞麻籽粉，然後靜置一旁。

3. 在中等大小的攪拌碗裡摻入燕麥粉、白米粉、木薯粉、椰糖、小蘇打與海鹽徹底混合。

4. 在混合植物奶的金黃亞麻籽粉裡添加椰子油、香蕉泥、黑糖蜜與香草精，並充分攪拌或攪打。

5. 將液體食材加進乾燥食材充分攪拌。當碗中食材開始形成麵團，就得立即親手摺疊按壓麵團，藉以徹底混合所有食材，將它們做成麵團。要是此時製成的麵團太乾，無法將其餘食材黏在一起，或許可以多加1湯匙植物奶。麵團做好後先揉成球，再對半切開。

6. 在對半切開的麵團中拿起一個揉成球，再將它放在先前備妥的三張烤盤紙之中的兩張中間，用手掌壓平，使球狀麵團能變得扁平，厚度約2.5~3.8公分。接下來用擀麵棍將變平的麵團擀成長方形，厚度約0.3公分。若麵團上有些地方比較厚，可以用手掌壓平。

7. 移開覆在長方形麵團上方的烤盤紙，將麵團留在底下那張烤盤紙上，將它移入烤箱，同時以披薩滾刀或鋒利的刀，在麵團上切出一個個像餅乾的正方形，每邊為2.5~5公分，再以叉子在割出來的正方形餅乾上戳一些洞。不過麵團尚未烘烤時，先別個別分開麵團上的正方形餅乾。如果你想做肉桂全麥餅乾，此時可以撒上椰糖與肉桂。之後烤22~25分鐘，烤到酥脆。然後從烤箱取出餅乾，在金屬烤盤上冷卻。接著再重複步驟6與步驟7，處理第二個對半切開的麵團，並重複使用先前覆在長方形麵團上方的烤盤紙。做好的全麥餅乾放進密封容器，在室溫下可保存至少1週。

祕訣：精製糖沒有營養價值，而黑糖蜜卻有維持生命所需的維他命與礦物質，像鐵質、鈣質、鎂、維他命B6，以及硒，所以它和精製糖不同。

備註

—食譜中標示的烹調時間，是預先烘培（par-bake）餅皮的時間。所謂預先烘培餅皮，是製作披薩前的必要步驟。

—測量無麩質穀粉時所用的技巧，請見本書第12頁。

無麩質披薩餅皮 Gluten-Free Pizza Crust

分量：1或2片（若做2片，每片大小約30.5公分，做1片，每片尺寸為40.5公分）

要讓大家嘗試無麩質蔬食餐點，最難推銷出去的餐點是什麼？答案是「披薩」。畢竟沒有人想放棄披薩，使它成為無麩質蔬食料理。或者也可以說，大家都確信無麩質蔬食餅皮無法和自己偏好的餅皮相提並論。儘管從我著手將某份食譜研發為無麩質蔬食食譜，直到我認為根據它做出來的餐點絕對沒問題，這段期間會出現各種食譜版本，但過程中最常出現的可能就是這一份。因為我希望你拿起披薩時，這種披薩餅皮能像傳統的紐約披薩餅皮那麼柔韌，所以研發這份食譜期間，我遇到的最大難題，就是做出來的無麩質披薩餅皮能柔韌到什麼程度。於是我下定決心，要讓做出來的無麩質蔬食披薩餅皮咬起來不會發出清脆聲響，質地也不容易碎，但嚼起來的滋味卻不會像硬紙板。終於，我設計出一種披薩餅皮，雖然口感像麵團一樣有嚼勁，但它搭配你特別喜愛的配料一起吃，滋味卻恰如其分，甚至還能用它做出絕佳的白披薩[1]呢！花這麼多時間研發這餅皮真是值得。

備料時間：18分鐘　烹調時間：7分鐘（用來預先烘培餅皮的時間）

材料：

溫水1杯

楓糖漿或椰子花蜜2湯匙（必須恢復為室溫）

活性乾酵母1包或2又1/4茶匙

木薯粉或木薯澱粉1杯

白米粉1杯

糙米粉1/2杯

葛鬱金粉1/2杯

細磨海鹽1茶匙

橄欖油或已融化的椰子油2湯匙（如果要為鍋子抹點油，不妨再多準備些）

1. 烤箱預熱先至攝氏220度，並以橄欖油稍微塗抹披薩烤盤。

2. 將溫水倒進小型攪拌碗裡。此時倒入碗裡的水溫，應該要略高於皮膚溫度，大約是攝氏43度。由於倒進碗裡的水太燙，會導致酵母死亡，所以這個步驟用的水溫不能太高很重要。然後在水裡拌入楓糖漿，並撒上酵母後輕輕攪拌，再靜置一旁發酵至少5分鐘。當酵母開始繁殖，你會在碗裡看到一層泡沫出現。

3. 酵母發酵期間，同時在中等大小的攪拌碗裡混合木薯粉、白米粉、糙米粉和葛鬱金粉，然後靜置一旁。

1 譯註：白披薩（white pizza）指不用番茄醬汁（tomato sauce）作為食材的義式披薩。

4. 等到混合其他食材的酵母發酵，就立即在碗裡添加鹽與油，攪拌至完全混合。之後將液體食材加進乾燥食材，以木匙攪拌混合。當食材開始形成麵團，就得立刻親手摺疊按壓，藉此徹底混合食材製成麵團。倘若此時做出來的麵團太乾，無法將其餘食材黏在一起，就多加1湯匙植物奶。等所有食材都已經混合製成麵團，就立即在碗裡揉捏它。此時須先以掌根按壓球狀麵團，將它壓平後再對折，然後旋轉1/4圈，重複上述程序。這麼做4~6次左右，再將麵團揉成球狀放進碗裡，以茶巾覆在碗上，靜置5分鐘。

5. 這時候做成的麵團可以做出一個40.5公分的披薩，或者將麵團分為兩半，做成兩個30.5公分的披薩。要做披薩餅皮時，須先將球形麵團放在已經塗抹油脂的披薩烤盤中央壓平，再用保鮮膜蓋住，而且保鮮膜尺寸必須大得足以覆蓋烤盤。

6. 接著用手掌或擀麵棍壓平或擀平麵團，使它和烤盤一樣大。壓平或擀平麵團時如有需要，不妨旋轉烤盤。接下來以手指彎曲麵團邊緣，將它做成披薩餅皮後取下保鮮膜。如果要做40.5公分的披薩，此時做出來的餅皮厚度應該是1公分。若要做大小為30.5公分的披薩，餅皮厚度應該是0.6公分。

7. 預先烘培未加任何食材的披薩餅皮約7分鐘。

製 作 披 薩

從烤箱取出餅皮後，在餅皮上添加醬料、純素乳酪，以及你選擇的配料。隨後將餅皮放回烤箱，再烤10分鐘，烤到餅皮開始轉為褐色。

羅勒餅乾 Basil Crackers

分量：10片餅乾（每片大小約為2.5~5公分）

這些餅乾隱約散發香草植物氣息，用來搭配你偏好的葡萄酒，可說是相得益彰。我喜歡將它們和新鮮水果，以及蔬食乳酪一起端上餐桌，當作有益健康的熟食拼盤。

備料時間：15分鐘　烹調時間：20~30分鐘

材料：

金黃亞麻籽粉**2**湯匙

不加糖或甜味劑的腰果奶，或者是味道清淡的植物奶**1/3**杯

粗杏仁粉**3**杯

新鮮羅勒切碎**1/2**杯

小蘇打**1/2**茶匙

海鹽**1/4**茶匙

不加糖或甜味劑的蘋果醬**3**湯匙

胡桃油或葡萄籽油**2**湯匙

蘋果醋**2**茶匙

海鹽、蒜鹽或卡宴辣椒粉（用來作為配料，加或不加均可。也可依喜好任意組合）

備註

－測量無麩質穀粉時所用的技巧，見本書第12頁。

1. 烤箱先預熱至攝氏160度，同時裁剪三張烤盤紙，尺寸必須符合大型金屬烤盤。

2. 在小碗中攪打金黃亞麻籽粉和植物奶，然後靜置一旁。

3. 用中等大小或者是大型攪拌碗拌勻粗杏仁粉、羅勒、小蘇打與海鹽。

4. 在混和植物奶的金黃亞麻籽粉中添加蘋果醬、油與蘋果醋充分攪打。隨後將液體食材加進乾燥食材充分攪拌。當碗中食材開始成團，就得立即拉提摺疊，讓碗中食材都能徹底混合，才能製成麵團。之後將做好的麵團揉成球，再切成兩半。

5. 將半個麵團揉成球後，再將它放在先前備妥的三張烤盤紙裡的兩張中間用手壓平。此時麵團厚度約2.5公分。接著用擀麵棍將壓平的麵團擀成0.3公分厚。擀薄麵團時，也試著將它擀成長方形。由於此時麵團放在烤盤紙上，而烤盤紙邊緣所在位置，會限制麵團擀成的長方形大小，所以擀出來的長方形麵團，會和你用的金屬烤盤一樣大。如果需要壓平麵

團上比較厚的地方，這時候也能用手壓平。

6. 取下覆在麵團上的烤盤紙，並將麵團連同鋪在它下方的烤盤紙一起移到金屬烤盤上。然後以披薩滾刀或鋒利的刀，在長方形麵團上劃出切口，劃出一個個正方形，每邊2.5~5公分。此時可在麵團上撒點鹽，或為它加調味料。

7. 接著烘烤約30分鐘，烤到酥脆程度如你所願。餅乾烤好後，先讓它們在金屬烤盤上冷卻至少20分鐘，再依先前在麵團上劃的切口一一掰開。接下來重複步驟5和步驟6，處理之前切成半圓的第二個麵團，並重複使用先前覆在麵團上方的烤盤紙。做好的餅乾儲存在密封容器，可保存數日。

來點變化

如果希望做出來的餅乾比較厚又比較軟，類似麵餅那樣，用擀麵棍擀平麵團時，不妨擀得稍微厚一點，讓擀出來的麵團比食譜列出的數字厚0.6公分左右。之後再跟著食譜裡的剩餘步驟做。

家庭風白脫牛奶小麵包 Homestyle Buttermilk Biscuits

分量：12人份

我熱愛這些手作小麵包，它們都不含奶油和牛奶——這是理所當然，所以它們實際上應該稱為白脫牛奶小麵包！這種小麵包可以當成很棒的配菜，用它來做黃瓜三明治，尺寸也很理想。否則也能用它來搭配我研發的無蛋鷹嘴豆炒蛋（食譜請見本書第28頁）與洋菇培根（食譜請見本書第30頁），作為豐盛的早餐，適切地為即將展開的一天拉開序幕。

備料時間：20分鐘　烹調時間：18分鐘

材料：

蒸餾白醋1湯匙

不加糖或甜味劑而且味道清淡的植物奶1杯（如燕麥奶）

純素奶油2湯匙（須冰鎮）

精製椰子油2湯匙（須冰鎮）

白米粉1杯

馬鈴薯澱粉1杯（馬鈴薯澱粉不是馬鈴薯粉）

葛鬱金粉1湯匙

泡打粉4茶匙

細磨海鹽3/4茶匙

小蘇打1/4茶匙

1. 先將醋放進容量為1杯的量杯裡，再以植物奶填滿量杯，做出白脫牛奶。隨後攪打量杯裡的食材，再將它放進冰箱至少10分鐘。然後在小碗中放進純素奶油與椰子油，也同樣放入冰箱。

2. 在中等大小或者是大型攪拌碗裡加進其餘食材，以木匙攪拌混合。

3. 將純素奶油與椰子油切成葡萄大小，並加入乾燥食材。接著以奶油切刀（pastry blender）攪拌食材，或者用兩把麵包刀朝反方向移動，讓原本如葡萄大小的奶油或椰子油，最後成為如豌豆大小的小塊油脂。為了避免奶油和此時呈固體的椰子油，在攪拌過程中融化，執行這個步驟時，步調必須迅速。之後將碗放進冰箱或冷凍櫃裡5分鐘。

4. 從冰箱或冷凍櫃取出混合其他食材的穀粉，並在中

備註

－測量無麩質穀粉時所用的技巧，請見本書第12頁。

央挖個洞，加進冰鎮的白脫牛奶。接下來以木匙混合食材，但只要混合到穀粉正好吸收白脫牛奶，碗中已經完全看不見液體食材即可（也就是不要過度混合食材）。此時形成的麵團看起來會顯得溼潤黏手。

5. 烤箱先預熱至攝氏230度，並爲金屬烤盤鋪上烤盤紙。

6. 爲廚房流理台撒上馬鈴薯澱粉，再將麵團放在撒了粉的流理台上揉成球狀。接著按壓麵團，將它壓平爲2.5~5公分厚，並在上面稍微撒一點粉。之後對折麵團，再按壓它，並旋轉1/4圈。倘若此時麵團依舊溼潤，食材也都尚未黏合，就再度按壓麵團，將做麵團用的食材全部壓在一起，同時在麵團上再稍微撒一點粉。

7. 隨後再度對折麵團並旋轉，重複前述每一個步驟5~6次，直到麵團不再過分溼潤，而且已經固定成形。由於麵團過度揉捏會變硬，如此一來，會妨礙麵團在烘培過程中隆起，所以混合食材製成麵團、揉捏麵團，以及使麵團固定成形的過程中，都要把握「少就是多」的原則。

8. 接著將麵團按壓成2.5公分厚的圓形，再以5公分大的小麵包模或餅乾模，將它切成小麵包的模樣。切割麵團時，模具須先垂直朝下按壓再扭轉，麵團才會完全切開。隨後將切好的麵團放在金屬烤盤上。放置麵團時，麵團之間應該要靠得很近，距離不超過2公分，但不要相互碰觸。然後重複上述步驟，藉由「將麵團重新揉成小球，再壓平爲厚度爲2.5公分的圓形」這段過程，將製成的麵團全都分成小麵團。分切麵團的過程中，讓麵團體積盡量小一點，分量比較輕盈。這種處理麵團的方式不但比較得宜，烘培出來的小麵包質地也會比較細密。

9. 烤15~20分鐘。烘烤麵包的過程中，用來做小麵包的麵團應該會隆起，表面也會變成非常淡的金褐色。從烤箱取出小麵包後，放在烘培冷卻架上，可以立即享用。這種小麵包儘管外表酥脆，裡面卻鬆軟輕盈。

櫛瓜麵包 Zucchini Bread

分量：16人份

這種麵包會令我期待秋天。因為櫛瓜盛產時，我每週都會做一條這種麵包。依這份食譜製成的麵包溼潤耐嚼，美味可口，幾乎無時無刻都會想討一小片來吃。除此之外，加在麵包裡的香料既能為你清理味覺，又不至於壓制其他餐點的味道，所以無論你端上的是開胃料理還是重口味的餐點，將它放在旁邊作為搭配都很出色。要是你在晚間聚會需要品酒，它的香氣與滋味和精選紅酒或者白酒，也都同樣搭配得宜。倘若你希望自己做出來的麵包香氣更馥郁，可以在食材裡加1/4茶匙薑粉，屆時做出來的麵包就會香味四溢。

備料時間：15分鐘　烹調時間：30~35分鐘

材料：

磨碎的櫛瓜**2杯**

金黃亞麻籽粉**2湯匙**

不加糖或甜味劑的植物奶**1/2杯**

無麩質燕麥粉**1杯**

帶有甜味的白高粱粉**1/2杯**

粗杏仁粉**1/2杯**

椰糖**2/3杯**

葛鬱金粉**1/4杯**

泡打粉**2茶匙**

肉桂**1又1/2~2茶匙**（如果喜歡肉桂，不妨多用）

細磨海鹽**3/4茶匙**

磨細的肉豆蔻**1/4茶匙**

不加糖或甜味劑的蘋果醬**1/2杯**（想要麵包甜，也可以用加了糖或甜味劑的蘋果醬）

葡萄乾**1/2杯**（切碎）

香草精**1又1/2茶匙**

1. 烤箱先預熱至攝氏180度，並以胡桃油、葡萄籽油，或酪梨油稍微塗抹長寬都是20公分的烤盤，或者為它鋪上烤盤紙。之後用廚房紙巾鋪在碗底，吸收碗裡的多餘水分，再放進已經磨碎的櫛瓜靜置一旁。

2. 用小碗拌勻金黃亞麻籽粉和植物奶，之後靜置一旁。

3. 在中大型攪拌碗裡攪拌穀粉、粗杏仁粉、椰糖、葛鬱金粉、泡打粉、肉桂、海鹽與肉豆蔻，讓食材完全混合。

4. 在摻合植物奶的金黃亞麻籽粉裡加進蘋果醬、葡萄乾和香草精攪打混合。接著將液體食材加入乾燥食材，以木匙充分混合製成麵糊。由於此時製成的麵糊非常濃稠，要拌勻所有食材，可能會需要1~2分鐘。

備註

－測量無麩質穀粉時所用
的技巧，見本書第12
頁。

－如果要依這份食譜做出
不含堅果的麵包，不妨
以分量相同的木薯粉取
代粗杏仁粉。

5. 如果你磨碎的櫛瓜片，長度比1.3公分左右還要長很
多，此時必須在砧板上把櫛瓜片放成一堆，切碎一
或兩次。隨後在麵糊裡輕輕拌入櫛瓜片。要是麵糊
濃稠得難以混合櫛瓜，就多加1~2湯匙植物奶。之後
將麵糊倒入烤盤，並以抹刀讓它均勻延展開來，烤
30~35分鐘，烤到用牙籤插入麵糊，取出後不沾麵
糊。然後從烤箱裡取出烤盤，放在烘培冷卻架上。
當烤盤冷卻，立即以刀具分開麵包與烤盤相連處，
再從烤盤取出麵包。做好的麵包放進密封容器，在
室溫下可妥善保存1~2天。倘若想保存超過1~2天，
建議冷藏。

藍莓香蕉麵包 Blueberry Banana Bread

分量：12片

這種麵包既有藍莓瑪芬的濃郁滋味，又有香蕉麵包的溼潤口感，可說是兩全其美。這份食譜雖然是從「要是……會怎麼樣」的假設展開，但研發食譜的成果，卻使它成為假日餐桌上大家最愛敲碗的甜點麵包。它剛出爐就很美味，也能用它做成厚片吐司，再為了讓自己吃得心安理得，搭配我研發的椰子醬（食譜請見本書第21頁）做出絕佳餐點，用來在晚上好好款待自己。

備料時間：10分鐘　烹調時間：48分鐘

材料：

蘋果醬**3/4杯**

熟透的香蕉壓製成的香蕉泥**1/2杯**
（分量大約是中等大小的香蕉一根壓成泥）

不加糖或甜味劑的植物奶**3湯匙**
（例如燕麥奶）

金黃亞麻籽粉**3湯匙**

鮮榨檸檬汁**1湯匙**

香草精**2茶匙**

無麩質燕麥粉**1杯**

木薯粉或木薯澱粉**1/2杯**

白米粉**1/2杯**

馬鈴薯澱粉**1/2杯**（馬鈴薯澱粉不是馬鈴薯粉）

椰糖**1/2杯**

小蘇打**1茶匙**

泡打粉**1/2茶匙**

細磨海鹽**1/2茶匙**

新鮮藍莓**1又1/2杯**

備註

—如果想做比較甜的麵包，除了植物奶分量必須加倍，也得額外多加1/4杯椰糖。

—測量無麩質穀粉時所用的技巧，請見本書第12頁。

1. 烤箱先預熱至攝氏175度左右，並（以胡桃油、葡萄籽油，或者是酪梨油）為長度是21.6~11.4公分，高度6.4公分的烤盤稍微抹點油，或者為它鋪上烤盤紙。

2. 在小碗中將蘋果醬、香蕉泥、植物奶、金黃亞麻籽粉、檸檬汁與香草精攪打均勻，然後靜置一旁。

3. 在中等大小或大型攪拌碗裡，將穀粉、馬鈴薯澱粉、椰糖、小蘇打、泡打粉與海鹽攪拌均勻。

4. 之後將液體食材加進乾燥食材，以木匙混勻之後，再以混合食材輕輕裹住藍莓。必須小心別壓壞藍莓。

5.將麵糊倒入麵包烤盤，烤45分鐘，烤到以牙籤插入麵糊中央，牙籤取出時沒有沾上麵糊。之後從烤箱取出烤盤，先讓烤盤冷卻30分鐘，再以麵包刀劃過烤盤側邊，使麵包與烤盤側邊不再相連。接著取出麵包，讓整條麵包在架子上完全冷卻。做好的麵包放進密封容器，置於冰箱可保存5~7天。

零食與點心

阿爾發奧米伽穀麥 Alpha Omega Granola

分量：**16份**（每份1/2杯）

在希臘字母系統裡，阿爾發（α）與奧米伽（ω）是起首和結尾字母，也代表「開始」和「結束」。這種穀麥除了有維他命、礦物質與膳食纖維，也包含複合式碳水化合物（complex carbohydrates）、植物性蛋白質與ω–3脂肪酸，看起來它從頭到尾囊括了巨量微量營養素，正如這兩個代號展現的意義！這種穀麥不含堅果，對堅果過敏的人吃了也安全無虞。況且要設計出能將早餐、點心與甜點合而爲一的食譜也沒那麼容易。不妨用它來搭配特別喜愛的植物奶，或是當作忙碌時的點心，讓它爲你提供能量，過上元氣滿滿的一天。

備料時間：15分鐘　烹調時間：45分鐘

材料：

無麩質燕麥片**2杯**

蕎麥粒**1/2杯**

發芽南瓜籽**1/2杯**

不加糖或甜味劑的椰片**1/2杯**

未經加工處理的大麻籽仁**1/4杯**

奇亞籽**1/4杯**

金黃亞麻籽粉**1/4杯**

櫻桃乾**1/3杯**

黃金葡萄乾**1/3杯**

杏桃乾**1/3杯**

椰子油**1/4杯**

楓糖漿或椰子花蜜**1/4杯**

椰糖**2湯匙**

肉桂**1茶匙**

細磨海鹽**1/4茶匙**

香草精**1茶匙**

備註

以下是穀麥的營養成分：

ω–3脂肪酸：
未經加工處理的大麻籽仁、奇亞籽，和金黃亞麻籽粉。

植物性蛋白質：
無麩質燕麥片、蕎麥粒、發芽南瓜籽、未經加工處理的大麻籽仁、奇亞籽、金黃亞麻籽粉，以及不加糖或甜味劑的椰片。

抗氧化劑：
無麩質燕麥片、蕎麥粒、發芽南瓜籽、未經加工處理的大麻籽仁、奇亞籽、金黃亞麻籽粉、不加糖或甜味劑的椰片、櫻桃乾、葡萄乾、杏桃乾、肉桂、椰子油、楓糖漿與椰糖。

1.烤箱先預熱至攝氏135度。

2.在中等大小的攪拌碗裡加進前七項食材，以木匙拌勻。接著將櫻桃乾、葡萄乾與杏桃乾放上砧板切成小塊，再放進碗中一起攪拌。所有食材完全混合後靜置一旁。

3. 在小湯鍋中混合椰子油、楓糖漿、椰糖、肉桂與海鹽，以中火加熱，並攪打食材。
等鍋子裡的椰子油融化，就讓鍋子離火，同時拌入香草精。隨後將混合其他食材的
楓糖漿倒在碗裡的乾燥食材上，再以木匙徹底混合。

4. 將已混合的食材倒在已經鋪上烤盤紙的金屬烤盤，並以木匙或抹刀讓它延展開來，接
著烤45分鐘，烤到食材變成淺褐色，咬起來有清脆聲響，即從烤箱取出。不過將穀麥
分切成片之前，須先讓它冷卻1小時。烤好的穀麥放入夾鏈袋，在室溫下可保存1週。
如果放進夾鏈袋置於冰箱，最多可保存2週。

祕訣：這份食譜可以用不同的果乾或堅果，依個人需求調整。

糖漬美國山核桃 Candied Pecans

分量：1杯

只要花五分鐘備料就好，其餘的工作都交給烤箱吧！在我的部落格裡，這份食譜長年以來都大受喜愛，尤其是在有長假的月份。經糖漬的美國山核桃剛烤好時外殼相當誘人，食材裡的肉桂與香草精，也能與它完美結合。這份食譜不僅可以變通，而且它還靈活到能夠用杏仁、胡桃，或是你所選的綜合堅果作為食材。

備料時間：5分鐘　烹調時間：30分鐘

材料：

金黃亞麻籽粉1湯匙

椰子花蜜1湯匙

純素奶油或已融化的椰子油1湯匙

堅果奶1湯匙（本食譜使用腰果奶）

香草精1又1/2茶匙

山核桃1杯

肉桂1/4~1/2茶匙（根據個人口味適量添加）

椰糖3湯匙（烹調過程中在不同步驟分別添加）

1. 烤箱先預熱至攝氏135度。

2. 用小型攪拌碗混合金黃亞麻籽粉、椰子花蜜、純素奶油、堅果奶與香草精充分攪拌。之後讓食材靜置1分鐘，或者更久。

3. 在混合其他食材的金黃亞麻籽粉裡摻入美國山核桃充分攪拌，再讓食材靜置。靜置食材期間，除了先做好肉桂糖，不妨同時備妥金屬烤盤。

4. 要做肉桂糖時，先在夾鏈袋裡舀入肉桂和2湯匙椰糖，再密封夾鏈袋搖晃，藉此徹底混合食材。隨後為金屬烤盤鋪上烤盤紙。

5. 此時美國山核桃上，應該已經大量裹上先前混合其他食材的金黃亞麻籽粉。與此同時，夾鏈袋裡的肉桂，也應該已經混合椰糖。接著以漏勺將碗裡的美國山核桃移到夾鏈袋中。然後密封夾鏈袋充分搖晃，好讓袋子裡的肉桂和椰糖都能裹住美國山核桃。

6. 在金屬烤盤上倒入美國山核桃，而且必須均勻分布為單層。接著在美國山核桃上撒下剩餘的1湯匙椰糖，烤30分鐘左右。從烤箱裡取出烤盤之後，須先讓美國山核桃在金屬烤盤上冷卻，才能從烤盤上拿起來。烤好的美國山核桃放進密封容器，在室溫下可保存1週。

烤煙燻辣椒鷹嘴豆 Roasted Chipotle Chickpeas

分量：7份（每份1/4杯）

我總是在找既能滿足自己對鹹味與辣味的渴望，又能為身體提供養分的健康零食。鷹嘴豆除了是植物性蛋白質的重要來源，也有許多營養素，所以它能滿足我對鹹辣滋味的熱切期盼，又能為我滋養身體。這份食譜不但只需要你忙五分鐘備料，也只需要少量食材就能做好。更何況你還能根據個人口味改動食譜，讓它更符合你的需求！希望在其中加更多辛辣香料？不妨加更多煙燻辣椒粉。否則也能用辣椒粉之類的食材，取代食譜裡原本用的食材，同時增加分量，讓做出來的零食更加辛辣。想要滋味清淡一點，只要加點海鹽就好。如果說洋芋片是魅惑人心的狐狸精，那麼這種健康零食會比洋芋片還讓你愛不釋手！

備料時間：5分鐘　烹調時間：40分鐘

材料：

15盎司（約425公克）的罐裝鷹嘴豆1罐

橄欖油1湯匙

細磨海鹽1/2茶匙（根據個人口味適量添加）

煙燻辣椒粉1/2茶匙（根據個人口味適量添加）

蒜粉1/8茶匙

1. 烤箱先預熱至攝氏200度左右。

2. 打開罐頭，將鷹嘴豆都倒進蔬果瀝水籃以冷水沖洗。隨後搖晃瀝水籃，抖落鷹嘴豆上的多餘水分。之後將鷹嘴豆倒在茶巾上，以畫圓的方式用茶巾輕輕摩擦。此時若有鷹嘴豆皮脫落，就棄置不要。

3. 將鷹嘴豆放在鋪有烤盤紙的金屬烤盤上晾乾，而且必須乾到摸起來像是風乾過的程度。要是沒有先晾乾鷹嘴豆，之後烘烤時，鷹嘴豆就不會烤得酥脆。所以為鷹嘴豆裹上油脂前先晾乾，是不可或缺的程序。以這種方式晾乾鷹嘴豆最長可能需要30分鐘。如果不這麼做，也可以預熱烤箱時，將鷹嘴豆和金屬烤盤一起放進烤箱裡，蒸發鷹嘴豆上的殘餘水分。

4. 鷹嘴豆變乾時，和橄欖油一起放進小型攪拌碗，再用手或木匙輕輕攪拌，讓鷹嘴豆都裹上橄欖油。接著用鹽、煙燻辣椒粉和蒜粉調味，並輕輕混合所有食材。然後將鷹嘴豆平鋪放回金屬烤盤。倘若

烤盤紙先前曾吸收水分，此時必須換新。之後將鷹嘴豆放進烤箱，烤40分鐘左右，而且每隔15分鐘，就得從烤箱取出烤盤，以畫圓的方式搖晃，才能確保鷹嘴豆烤得均勻。當鷹嘴豆烤成不深不淺的褐色，咬起來也會發出清脆聲響，代表已經烤好。隨後將鷹嘴豆放在烘培冷卻架的淺盤上，讓它徹底冷卻。烤好的鷹嘴豆放進密封容器，可保存5~7天。

烤櫛瓜辣椒脆片 Baked Zucchini Chile Chips

分量：約30片

依這份食譜做成的櫛瓜脆片，可以成為三明治、沙拉或點心的良伴。最棒的是這些脆片以低卡路里，卻營養豐富的蔬菜製成，其中完全不含麩質，烘烤過程中不用油也能烤得酥脆。祕密就在於烘烤前須先讓櫛瓜出水，也就是烤櫛瓜前須先透過「撒鹽並靜置十分鐘」這段程序，讓櫛瓜裡的多餘水分排出。這麼做的結果，就是烤出來的櫛瓜脆片不僅滋味香辣，咬起來還會發出清脆聲響。

備料時間：15分鐘　烹調時間：40分鐘

材料：

中等大小的櫛瓜1根（須切片，每片厚度大約是0.3公分）

白米粉或椰子粉1湯匙

辣椒粉或煙燻辣椒調味粉1/4茶匙

蒜粉1/4茶匙

細磨海鹽1/8茶匙（可以多準備一點，用來讓櫛瓜出水）

黑胡椒或卡宴辣椒粉1小撮

檸檬汁2湯匙

備註

— 「出水」就是在櫛瓜片上撒鹽，靜置一段時間，讓櫛瓜片的多餘水分滲出，有助於烘烤時不用油就能烤得酥脆。

— 若你偏好用油烤櫛瓜片，那麼為櫛瓜片裹上綜合調味料前，可以先抹上1茶匙橄欖油。儘管如此，我還是建議執行這個步驟之前，要先讓櫛瓜出水。

1. 烤箱先預熱至攝氏180度左右，並為金屬烤盤鋪上烤盤紙。

2. 將櫛瓜片散置在烘培冷卻架上，或者攤開放在蔬果瀝水籃中瀝水。隨後為櫛瓜片的一面撒上細磨海鹽，再翻面撒鹽，之後靜置10分鐘，讓多餘的水分能夠排出。

3. 櫛瓜出水的過程中，在小碗或中等大小的碗裡混合白米粉或椰子粉，以及辣椒粉、蒜粉、鹽與黑胡椒。如果希望櫛瓜片裹上的調味粉比較厚，此時可加倍製作調味粉。

4. 10分鐘後，以茶巾或廚房紙巾吸乾櫛瓜片兩面滲出的多餘水分，再放進裝有調味粉的碗裡轉動，讓櫛瓜片兩面都能均勻裹上調味粉。接下來先輕輕晃動櫛瓜片，抖落多餘的調味粉，再將它放在金屬烤盤上。這個步驟根據你做調味粉用的碗大小，可能會需要分批執行幾次，才能讓所有櫛瓜片都裹上調味粉。

5. 接下來為每片櫛瓜分別灑上幾滴檸檬汁，再翻轉它，為另一面也灑上檸檬汁。

6. 烘烤30~40分鐘，而且每隔10分鐘就翻面，當櫛瓜片烤成理想中的褐色，酥脆程度也如你所願，即從烤箱裡取出。若有需要，此時可根據個人口味適量加鹽，即可上桌。

爆多莓果司康 Berry Burst Scones

分量：10~12個

依這份食譜製成的司康究竟是早餐還是點心？它們除了有植物性蛋白質、ω-3脂肪酸，還有維他命與礦物質。以它們包含的所有營養素來說，儘管它們可以在我們生活中扮演許多角色，然而大家一般會想將它們當作早餐。只是話說回來，大家忙碌時，又很容易就隨手抓起一個司康當點心吃，此時大家又把它們歸類為點心。但無論以它們當早餐還是點心，都會為你帶來營養豐富的愛。

備料時間：15分鐘　烹調時間：10分鐘

材料：

金黃亞麻籽粉**3湯匙**

不加糖或甜味劑的植物奶**1/2杯**（最好用腰果奶或杏仁奶）

粗杏仁粉**3杯**

椰糖**1/4杯**

小蘇打**3/4茶匙**

細磨海鹽**1/4茶匙**

肉桂**1/4茶匙**

歐洲酸櫻桃乾**1/2杯**（切碎）

蔓越莓乾或藍莓乾**1/2杯**（切碎）

胡桃油、葡萄籽油，或酪梨油**1/4杯**

香草精**1湯匙**

蘋果醋**2茶匙**

備註

　替代品：

　這份食譜用大部分果乾作為食材都行得通。儘管我偏好的果乾組合是櫻桃與蔓越莓，但你也能自行混合幾種不同果乾當作食材，只要確定果乾分量等於1杯即可。

—冷凍確實是妥善的保存方式。所以我建議烤一爐司康，吃幾個後把剩餘司康都放進夾鏈袋裡冷凍保存，每當你想吃時就從拿出來吃。只要將冷凍司康改放冷藏一夜，它就會完美解凍。

—測量無麩質穀粉時所用的技巧，請見本書第12頁。

1. 烤箱先預熱至攝氏180度，同時為兩個金屬烤盤都鋪上烤盤紙。

2. 在小碗中加進金黃亞麻籽粉和植物奶，攪打均勻後靜置一旁。

3. 在中等大小或者是大型攪拌碗裡，將粗杏仁粉、椰糖、小蘇打，以及鹽與肉桂攪拌均勻。當所有食材混合，就立即將它拌入已經切碎的果乾裡。

4. 在混合植物奶的金黃亞麻籽粉裡添加油、香草精與蘋果醋充分攪拌。接著將液體食材加進乾燥食材，再以木匙徹底混合製成麵團。此時要完全混合食材，需要1~2分鐘。若碗裡的食材太乾，不易混合製成麵團，不妨多加1~2湯匙植物奶。

5. 以標準規格的冰淇淋勺舀6球麵團，或者用量杯量取1/4~1/3杯麵團，放在鋪上烤盤紙的兩個金屬烤盤上，而且必須確定烤盤上的司康麵團之間距離均等。之後烤10~13分鐘，烤到司康麵團摸起來顯得結實，頂端也開始露出褐色。此時如果用牙籤插進某個司康麵團中央，取出牙籤時，應該不會沾上任何東西。然後從烤箱取出烤盤，先讓司康在金屬烤盤上靜置2~3分鐘，再將它們移到烘培冷卻架上。要是有剩餘的麵團需要處理，就重複這個步驟。烤好的司康放進密封容器，置於冰箱最多可保存1週。。

摩卡巧克力脆片司康 Mocha Chocolate Chip Scones

分量：10~12個

這種司康嚐起來雖然像黏糊糊的巧克力片餅乾，其中卻又隱約摻有咖啡香。要同時滿足熱愛巧克力與咖啡的人，它的混合風味正好能適切地滿足這兩種人。只要看這些司康出爐時，大家聚集在你廚房的速度會有多快，這一點就不言而喻。除此之外，多虧這些司康裡的植物性蛋白質與其他營養素，它們也足以作爲很棒的點心，讓你能應付自己肚子餓到快生氣的時刻。

備料時間：15分鐘　烹調時間：10分鐘

材料：

金黃亞麻籽粉**3湯匙**

濃郁的溫咖啡**1/2杯**（用普通咖啡或無咖啡因咖啡均可）

粗杏仁粉**3杯**

椰糖**1/4杯**

小蘇打**3/4茶匙**

細磨海鹽**1/4茶匙**

純素半甜巧克力片或純素黑巧克力片**3/4杯**

胡桃油、葡萄籽油，或酪梨油**1/4杯**

香草精**1湯匙**

蘋果醋**2茶匙**

備註

—如果要以其他食材取代一般大小的巧克力片，純素迷你巧克力片或巧克力豆都是很棒的替代品。

—這種司康放進夾鏈袋冷凍，就能妥善保存。只要在食用的前一晚先從冷凍櫃取出司康，放進冷藏解凍即可。

—測量無麩質穀粉時所用的技巧，請見本書第12頁。

1. 烤箱先預熱至攝氏180度，同時爲兩個金屬烤盤都鋪上烤盤紙。

2. 在小碗中攪打金黃亞麻籽粉和溫咖啡，並在攪勻後靜置一旁。

3. 在中等大小或大型攪拌碗裡，先拌勻粗杏仁粉、椰糖、小蘇打與海鹽。當上述食材混合，就立即拌入巧克力片。

4. 隨後在已經混合溫咖啡的金黃亞麻籽粉再加入油、香草精和蘋果醋，並充分混合。接著將液體食材加進乾燥食材，以木匙徹底混合。此時要完全混合食材製成麵團，需要花1~2分鐘攪拌。要是這時候形成的麵團太乾，可以加1~2湯匙植物奶。

5. 以標準規格的冰淇淋勺舀6球麵團，或者用量杯量取1/4~1/3杯麵團，放在鋪上烤盤紙的兩個金屬烤盤上。此時必須確定烤盤上的司康麵團距離均等。隨後烤10~13分鐘，烤到司康麵團摸起來顯得結實，頂端也開始露出褐色。此時用牙籤插進司康麵團中央，取出時應該不會沾上任何東西。

6. 從烤箱裡取出烤盤，讓司康先在烤盤上靜置2~3分鐘，再移至烘培冷卻架上。如果有剩餘的麵團需要處理，就重複這個步驟。烤好的司康放進密封容器，置於冰箱最多可保存1週。

櫻桃燕麥蛋白質餅 Cherry Oat Protein Cookies

分量：**10人份**

說實話，每當我趕著出門，又想痛快吃點含有蛋白質的點心時，我就會吃這種餅乾。除了餅乾食材裡的燕麥、南瓜籽、葵花籽和堅果醬都會賦予我蛋白質，滋味甜美的櫻桃乾，也會讓我能持續恢復心力，這一點就更不用提。要招待朋友或家人時，把這些平常用來款待自己的小點心放在大淺盤上，看起來也會是一道絕佳的餐點。

備料時間：10分鐘　烹調時間：15分鐘

材料：

無麩質快煮燕麥**1杯**（也能以一般燕麥磨成比較小的碎塊取代）

櫻桃乾切碎**1/3杯**

南瓜籽**1/4杯**（須稍微剁碎）

葵花籽**1/4杯**（須稍微剁碎）

楓糖漿**3湯匙**

腰果醬或杏仁醬**1/4杯**

香草精**1/2茶匙**

細磨海鹽**1/4茶匙**

1. 烤箱先預熱至攝氏160度，並為金屬烤盤鋪上烤盤紙。

2. 在中等大小的攪拌碗裡拌勻無麩質燕麥、櫻桃乾、南瓜籽和葵花籽。

3. 在小玻璃碗或長柄湯鍋放入腰果醬，接著再加楓糖漿，然後將碗或鍋子放進微波爐，以低火力加熱1分鐘，或者是放在爐子上，以小火加熱2~3分鐘，讓腰果醬受熱成為液體。隨後在碗中或鍋裡加進香草精與海鹽充分攪拌。

4. 將液體食材加進乾燥食材，以木匙攪拌混合製成麵團。為了混合食材，此時你可能需要親手攪拌。要是這時候混合的食材看起來太乾，不妨多加1~2湯匙植物奶。

5. 從製成的麵團裡分出2湯匙，先用手揉緊，再揉成球。然後將球狀麵團放在金屬烤盤上壓平，使它變成厚度約0.8~1.3公分的圓盤狀。當你用一隻手將麵團壓成餅乾的模樣時，另一隻手也必須同時為餅乾側邊塑形。之後重複這個步驟，處理剩餘麵團。

6. 如果要做比較耐嚼的餅乾，接下來就烤大約15分鐘。要是希望做出來的餅乾比較酥脆，就烤18分鐘左右。餅乾烤好之後，須先放在烘培冷卻架上5~10分鐘。做好的餅乾置於密封容器，可保存3~4天。

來 點 變 化

如果要做不含堅果的餅乾，不妨以葵花籽醬取代堅果醬。要是你曾經以葵花籽醬做烘培食品，就會明白在某些情況下，葵花籽醬受熱後會轉為綠色，但風味不變。

神祕香料綜合堅果 Secret Spicy Nut Mix

分量：2又1/2杯

這道餐點是由我設計的綜合堅果，搭配（如今已經不再神祕的）神祕香料組成！說到這種有益健康的點心，它除了能以有益健康的脂肪、膳食纖維和維他命E嘉惠身體，食材裡的薑黃也會讓人神清氣爽。在吃晚餐前，或者是大型競賽舉行期間，我總會備妥一碗這種點心，好讓大家在這些時候，都能吃點東西。

備料時間：5分鐘　烹調時間：15分鐘

材料：

酪梨油1湯匙（也能以胡桃油、葡萄籽油，或是橄欖油代替）

辣椒粉1/2茶匙

薑黃1/2茶匙

孜然1/4茶匙

蒜鹽1/4茶匙

洋蔥粉1/4茶匙

細磨海鹽1/4茶匙

未經加工處理或發芽的杏仁1杯

未經加工處理的腰果1杯

胡桃1/4杯（須剁碎）

發芽南瓜籽（南瓜籽仁）1/4杯

備註

—有些時候，我覺得自己特別需要刺激。每逢這種時刻，我就會在食材裡添加卡宴辣椒粉1/8茶匙，讓點心風味格外嗆辣。

1. 烤箱先預熱至攝氏175度，並為金屬烤盤鋪上烤盤紙。

2. 在小碗中混合油、辣椒粉、薑黃、孜然、蒜鹽、洋蔥粉與海鹽，攪打至完全混合。

3. 在中等大小的攪拌碗裡混合杏仁、腰果、胡桃與南瓜籽。然後將調味油倒在堅果上，以木匙攪拌，讓堅果都能均勻裹上油脂。

4. 在金屬烤盤上散置堅果，烤15分鐘。大約烤到一半時就要取出烤盤，為綜合堅果翻面，以確保堅果烤成褐色時，都能烤得色澤勻稱。如果希望烤好的堅果口感比較酥脆，或是希望烤得不那麼酥脆，不妨依你希望烤出來的酥脆程度，縮短或延長烘烤時間幾分鐘。烤好的堅果冷卻後立即放進密封容器，最多可保存5~7天。

杏桃堅果一口酥 Apricot Nut Bites

分量：10~12個

這種未經烘烤，卻充滿能量的一口酥，除了耐嚼，嚐起來也有奶油的口感，還帶有肉桂的溫暖香氣。食材裡的杏桃與椰子不僅搭配得宜，也不會干擾其中的香草風味。在兩餐間品嚐這種小巧可愛的甜點，實在非常理想。我特別喜歡把它當成大家品酒時，會直接用手拿來品嚐的別緻餐點，放在美麗的大淺盤上，再撒上一點椰子，以這種方式端上餐桌，讓它們被吃個精光吧！

備料時間：10分鐘　烹調時間：無

材料：

不加糖或甜味劑的椰絲1杯（烹調過程中在不同步驟分別添加）

杏桃乾1/2杯（分量大約等於杏桃15顆。以溼潤柔軟的水果作為食材，會比乾硬的水果來得合適）

粗杏仁粉1/4杯

香草精1茶匙

肉桂1/8茶匙

細磨海鹽1/8茶匙（加或不加均可。但若杏桃太酸，就要加鹽）

1. 在食物調理機加進1/2杯椰絲以及杏桃，攪拌1分鐘左右，讓兩種食材都碎裂開來。

2. 在調理杯添加粗杏仁粉、香草精、肉桂，以及加或不加均可的鹽，攪拌至完全混合，而且質地滑順。

3. 將剩餘的椰絲放在盤子上，然後舀一匙已經混合的食材用手揉成球，讓它在椰絲上滾動，爲它裹上椰絲。接下來重複這個步驟，處理剩餘的混合食材。這種一口酥可以做好後立即享用，也能冷藏後等它變得稍硬再吃。做好的一口酥放進密封容器，置於冰箱最多可保存1週。

祕訣：倘若你用來裹住一口酥的不是椰絲，而是切成同樣大小的椰塊，那麼就得將所有椰塊都放進食物調理機攪成椰粉。接著從調理機取出1/4杯椰粉靜置一旁，準備用來裹住以混合食材揉成的球。然後再從步驟1開始，跟著食譜敘述的步驟做。

第八章

── 開胃料理和小點 ──

青花菜佐無花果橄欖醬 Broccoli with Olive and Fig Tapenade

分量：4~6人份

輕輕為青花菜裹上這種滋味濃郁且色彩豐富的橄欖醬，就能使一道原本平凡單調的配菜，變成令人食指大動的料理。這種橄欖醬不僅滋味香辣，還隱約帶有甜味。建議不妨多做一些，用來當作醃漬用的油，可搭配剛出爐的麵包、義式開胃麵包片，或者是溫熱的迷迭香麵餅（食譜見本書第100頁）。

備料時間：5分鐘　烹調時間：5分鐘

材料：

中等大小的青花菜花冠2顆

特級初榨橄欖油1/3杯

填塞櫻桃辣椒的中等大小青橄欖8顆

中等大小的加利莫納無花果[1]乾1顆

乾燥紅辣椒碎片1/4茶匙（依個人口味適量添加）

蒜粉1/8茶匙

細磨海鹽與黑胡椒（依個人口味適量添加）

1. 先切下青花菜的花與菜梗，再切成塊狀，每塊約2.5~5公分。要是保留青花菜梗作為食材，則必須削皮，口感才會嫩。之後蒸青花菜約5分鐘，或蒸到能用叉子輕易刺穿或切碎，卻不到軟爛的程度。

2. 在食物調理機放進橄欖油、橄欖、無花果和紅辣椒，攪拌至食材都碎成小塊。之後刮淨調理杯內側，再添加蒜粉，並依個人口味，適量添加海鹽與黑胡椒。然後強而有力地快速攪打，徹底混合食材製成橄欖醬。如果不用調理機處理這道程序，也可親手切碎混合食材。

3. 隨後將熱騰騰的青花菜放進碗裡，並厚厚抹上3~4湯匙橄欖醬，塗抹時必須輕輕翻轉青花菜，橄欖醬才會裹在青花菜上。此時也可以依個人口味，適量加更多的橄欖醬。之後將餐點放在大淺盤上，或者放在橢圓形的碗裡，再以鹽與胡椒為餐點調味，即可上桌。

來 點 變 化

要是想以其他食材取代無花果，不妨用1~2湯匙日曬番茄乾代替。

---

1 譯註：加利莫納無花果（Calimyrna fig）是美國加利福尼亞州（California）出產的無花果。

烤蘆筍佐酪梨奶油醬 Rroasted Asparagus with Avocado Cream

分量：4人份

這道餐點除了能作為滋味香濃的配菜，還能成為開胃菜。它結合了烤蘆筍、新鮮大蒜，以及淋上芫荽酪梨奶油醬的甜玉米，以致其風味無與倫比。無論以烤箱加熱或是冰鎮食用，滋味都非常獨特，所以可以與之搭配的餐點很多，而且在三十分鐘內就能搞定！

備料時間：15分鐘　烹調時間：12分鐘

材料：

酪梨1大顆（削皮去核）

不加糖或甜味劑的植物奶1/4杯（本食譜使用腰果奶。可是用腰果奶，會導致這道餐點含有堅果）

新鮮芫荽2湯匙

檸檬汁1湯匙

細磨海鹽1/8茶匙

甜玉米粒1杯（如果用罐裝玉米，必須瀝乾後去除殘餘水分。）

蒜瓣6大瓣（須剁碎）

橄欖油3湯匙（烹調過程中在不同步驟分別添加）

新鮮蘆筍嫩莖450公克左右

備註

－如果要冰鎮蘆筍，不妨也將酪梨奶油醬放進密封容器，一起放進冰箱。

－要去除蔬菜上的水分，首先必須洗淨它，再將每一種蔬菜分別放在一張茶巾上，用茶巾輕輕吸收上面的多餘水分。之後將蔬菜靜置一旁，晾乾15~20分鐘。為蔬菜完全去除水分很重要，否則蔬菜放進烤箱會變成蒸蔬菜，而非烤蔬菜。

1. 烤箱先預熱至攝氏245度左右，同時為金屬烤盤鋪上烤盤紙，然後靜置一旁。

2. 在食物調理機或高速調理機放進酪梨、植物奶、芫荽、檸檬汁以及海鹽攪拌混合，讓食材質地變得滑順。之後蓋上蓋子，靜置一旁。

3. 在小型攪拌碗放進玉米、蒜末，以及2湯匙橄欖油輕輕攪拌。混合所有食材後靜置一旁。

4.在鋪上烤盤紙的金屬烤盤上平鋪散置蘆筍。隨後爲蘆筍慢慢淋上1湯匙橄欖油，再以
手掌來回滾動，好讓橄欖油能均勻裹住蘆筍。接下來將混合其他食材的玉米撒在蘆筍
上，放進烤箱烤12分鐘，烤至蘆筍轉爲褐色。從烤箱取出蘆筍後，先讓蘆筍冷卻5分
鐘，或者是放入冰箱15~20分鐘，徹底冰鎮。最後爲蘆筍緩緩淋上酪梨奶油醬，即可
上桌。

純素乳酪通心麵 Vegan Mac and Cheese

分量：12人份

託花椰菜的福，才能將這種醬料做得絲滑柔細，而且以花椰菜作爲食材，卻完全不會使醬料有蔬菜味，不免令人覺得這也太神奇了。這道餐點的運用靈活度很高，讓你能依自己的期望來調整它的調味。像是爲了讓它變得辛辣，原本需要用卡宴辣椒粉，但如果你希望嚐到比較傳統的餐點滋味，也可以省略這項食材不用。想要提升它的辛香味？不妨瀝乾一小罐切碎的青辣椒加進餐點裡。否則也可以用純素辣椒傑克乳酪2，來取代食譜中的純素切達乳酪。好好享受做這道菜的樂趣吧！

備料時間：25分鐘　烹調時間：35分鐘

材料：

無麩質筆管麵或通心麵**12**盎司（約**340公克**）

有大型花球的花椰菜**1/2**顆（將花球切成花）

末經加工處理的腰果**1/2**杯（須先浸泡）

橄欖油**1/4**杯

中型大蒜的蒜瓣**8**瓣（須剁碎）

甜洋蔥碎**1/3**杯

葛鬱金粉**1/4**杯

不加糖或甜味劑的腰果奶，或味道清淡的植物奶**3/4**杯

細磨卡宴辣椒粉**1/4~1/2**茶匙（依個人口味適量添加）

細磨海鹽**1/2**茶匙

細磨黑胡椒**1/4**茶匙

鮮榨檸檬汁**3/4**茶匙

刨絲的純素切達乳酪**1**又**1/2**杯

無麩質麵包屑**1**杯

純素奶油（添加麵包屑時用，加或不加均可）

備註

－要是想做不含油的餐點，不妨以蔬菜高湯或者是水，取代食譜中所用的橄欖油。

－浸泡腰果的相關技巧請見本書第17頁。

－按照接下來的說明烹調出來的乳酪通心麵，會像以法國砂鍋（casserole）烤出來的餐點。如果要做乳脂含量比較多的乳酪通心麵，我會建議你準備醬料時，分量可以增加爲1又1/2倍。不過如此一來，烘烤餐點的過程中，烤箱溫度也必須相應提升，從頭到尾都必須以攝氏175度來烤。

1. 先依包裝袋上的說明煮通心麵後瀝乾。煮通心麵的同時，蒸花椰菜約20分鐘，蒸到花椰菜已能用叉子輕易刺穿或切碎。要是用快速浸泡的方式浸泡腰果，此時也可浸泡腰果。

2. 烹煮通心麵、蒸花椰菜，以及浸泡腰果期間，同時在中等大小的附蓋長柄湯鍋加進橄欖油，放上爐子加熱。當橄欖油燒熱後放入剁碎的大蒜與洋蔥，炒大約5分鐘，將蒜末炒成金褐色，洋蔥轉爲半透明。

3. 接著從仍在中火上的鍋子裡取出大蒜與洋蔥，攪入葛鬱金粉攪打約1分鐘，讓食材混合。然後加入腰果奶，攪打約1~2分鐘。等食材都混合後，就讓鍋子離火。

4. 在高速調理機加進清蒸花椰菜、事先浸泡過的腰果，以及混合其他食材的大蒜與洋蔥，強而有力地慢慢攪打。倘若高速調理機的刀片此時難以轉動，就暫停攪拌。然後取下調理機的蓋子，親手攪拌調理杯中的食材，而且要持續攪拌到杯裡的流質食材足以讓調理機刀片能自由活動。之後以高速攪拌約2~3分鐘，讓食材質地變得滑順，再加進卡宴辣椒粉、海鹽、黑胡椒和檸檬汁攪拌均勻，製成醬料。隨後先嚐嚐味道。如果希望為醬料調味，不妨再多加點鹽、黑胡椒與檸檬汁。

5. 將烤箱預熱至攝氏160度，並以橄欖油稍微塗抹長度33公分、寬22.8公分的玻璃烤盤。

6. 在大型攪拌碗放進煮好的通心麵，再以抹刀或木匙輕輕拌入醬料，之後添加乳酪緩緩攪拌混合。隨後在已經抹上橄欖油的玻璃碗倒入已經攪拌混合的食材，並以抹刀讓食材變得平整，同時撒上無麩質麵包屑。要是想加純素奶油，可以在撒上麵包屑前，先在麵包屑上加點已經融化的純素奶油，讓做出來的餐點能額外增添奶油風味。

7. 接著以鋁鉑紙覆蓋玻璃烤盤，先烤15分鐘，再移開鋁鉑紙，並將烘烤溫度提高至攝氏175度，多烤15~20分鐘，烤到麵包屑轉為褐色，而且食材開始冒泡泡。之後從烤箱裡取出烤盤，放在烘培冷卻架上5~10分鐘再上桌。

8. 吃剩的通心粉可以放進密封容器，儲存於冰箱。若要加熱，只需為每杯乳酪通心粉加上1~2湯匙植物奶，將它們一起放進鍋裡用小火加熱，加熱時必須輕輕攪拌。也可改用碗盛裝通心粉和植物奶，放進微波爐以中高火力加熱。

---

2 譯註：傑克乳酪（Monterey Jack）是一種美國乳酪，以牛奶製成。它風味清淡，又略帶甜味。辣椒傑克乳酪（pepper jack）則是它的衍生產品，其中加了辣椒、甜椒，和香草植物。

炭燒抱子甘藍佐辣根奶油醬 Charred Brussels Sprouts with Horseradish Cream

分量：4人份

每當需要展現出活力充沛的一面，我就會吃這道菜。除此之外，要是你上的主食味道清淡，希望能有一道突出的蔬食與之搭配，那麼這道餐點中的抱子甘藍帶有炭燒風味，不僅抵消了蔬菜原有的質樸性格，也會達到突出的效果，與此同時，辣根淋醬含有強烈的刺鼻氣味，讓主要食材吃起來像是含有大量奶油。由這兩種大相逕庭的食材特性製作而成的淋醬，堪稱極品。烘烤前，我會先將抱子甘藍剝去一些外葉，如此一來便可額外增添一點酥脆口感。

備料時間：10分鐘　烹調時間：20~25分鐘

材料：

抱子甘藍450公克左右

橄欖油1~2茶匙（不含油的版本，可選用檸檬汁取代）

粗海鹽1/2茶匙

黑胡椒1/4茶匙（烹調過程中在不同步驟分別添加）

末經加工處理的腰果1杯（須先浸泡）

水1/2杯（依自己理想中的醬料濃度增減用量）

辣根醬1/4杯

檸檬汁1湯匙

細磨海鹽1/2茶匙

蒜粉1/8茶匙

備註

－浸泡腰果的相關技巧請見本書第17頁。

1. 烤箱先預熱至攝氏230度，並為大型金屬烤盤鋪上烤盤紙。

2. 清洗抱子甘藍後，在茶巾上放成單層晾乾。等抱子甘藍都已晾乾，就立即切除菜芯底部，並去除黃葉，再以縱向對半切開。

3. 在中等大小的攪拌碗放進抱子甘藍，再緩緩淋上橄欖油輕輕攪拌，讓橄欖油裏住蔬菜。接著添加海鹽，以及1/8茶匙黑胡椒，並再度攪拌所有食材，讓碗裡的蔬菜都能裹上鹽與胡椒。隨後將已經切半的抱子甘藍散置在金屬烤盤上。此時除了要讓抱子甘藍切面朝下，也得放成單層。

4. 將烤箱溫度調降為攝氏200度，再將金屬烤盤放進烤箱，烤20~25分鐘，讓抱子甘藍都烤得微焦且外層酥脆，但中間的質地卻軟得用叉子就能輕易刺穿或者切開。由於烘烤快結束時，抱子甘藍往往會迅速變成褐色，所以此時得仔細觀察烤箱裡的抱子甘藍。烘烤的時間，依你用的抱子甘藍大小而異。從烤箱裡取出抱子甘藍之後，淋醬料前須先冷卻2~3分鐘。

5. 烘烤抱子甘藍期間，同時製作辣根奶油醬。此時須先在果汁機或食物調理機放進浸泡過的腰果，以及水和辣根醬。由於有些類型的辣根醬湯汁比其他辣根醬多，所以我建議不妨保留2湯匙辣根醬裡的湯汁，在製作辣根奶油醬的過程中再一點一點加進其中。如此一來，做出來的辣根奶油醬才不會太稀。接著先強力攪打食材數次，再以低速攪拌。倘若需要的話，這時候不妨在調理杯裡添加剩餘的水。之後加進檸檬汁、海鹽、蒜粉，以及1/8茶匙黑胡椒，並強力攪打數次，再改用高速攪拌約3~4分鐘，讓食材質地變得滑順。攪拌過程中為了刮淨調理杯內側，不妨定時暫停。

6. 隨後將抱子甘藍移至大淺盤上，或者是分裝於小盤子，再緩緩淋上辣根奶油醬，即可上桌。多餘的辣根奶油醬也可以同時端上，放在一旁。

檸檬大蒜烤薯條 Lemon Garlic Oven Fries

分量：6人份

這些薯條口感酥脆卻不含油，可以令人痛快享用而沒有罪惡感！誰想得到這四種食材竟如此可口，又能有百般滋味？不妨透過人類天生迷戀美味的本能，在你下回做蔬食漢堡、三明治，或者是沙拉時，在烹調的餐點裡投注喜愛在家自製餐點的情感。

備料時間：10分鐘　烹調時間：30分鐘

材料：

檸檬汁**3~4**湯匙

剁碎的大蒜**3**湯匙

細磨海鹽**1/4**茶匙（若要為烤好的薯條調味，可再多準備些）

黑胡椒少許（若要為烤好的薯條調味，可再多準備些）

馬鈴薯**900~1100**公克左右

義大利香芹碎**3~4**湯匙

備註

—為了能從容下廚，不妨在前一晚就先備妥食材，也就是預先混合馬鈴薯和摻入其他食材的檸檬汁，放進密封袋或密封容器存放在冰箱裡。如此一來，隔天下廚時只要將食材放入烤箱就好了！

1. 烤箱先預熱至攝氏230度左右，並為金屬烤盤鋪上烤盤紙。

2. 在小碗中放入檸檬汁、大蒜、海鹽與黑胡椒，然後靜置一旁。

3. 徹底洗淨馬鈴薯並晾乾，保留馬鈴薯皮，將馬鈴薯切成縱向長度約為0.6公分的楔形。

4. 在大型攪拌碗放進馬鈴薯，再倒上摻有大蒜的檸檬汁用手充分攪拌；也可從檸檬汁裡濾出大蒜，再將檸檬汁倒在馬鈴薯上，並將沒有使用的大蒜靜置一旁。

5. 在鋪上烤盤紙的金屬烤盤上將馬鈴薯平鋪攤開，確定馬鈴薯不會放得太擠。若希望多加點調味料，此時可依個人口味適量撒上鹽與胡椒。

6. 接著烤20分鐘，再以鍋鏟為馬鈴薯翻面。要是希望可以再調味一次，此時可再加點鹽與胡椒，倘若比較喜歡烤出來的餐點略帶褐色，也可以再加入先前保留備用的大蒜。接下來將馬鈴薯放回烤箱，再多烤10分鐘。當馬鈴薯都烤得稍微膨脹，表皮略呈褐色，達到理想的酥脆程度，即從烤箱裡取出馬鈴薯。要是步驟4沒有使用大蒜，此時可用那些大蒜和新鮮香芹來裝飾，即可將溫熱的餐點端上餐桌。

西西里茄子燉菜 Eggplant Caponata

分量：約6杯

西西里燉菜是西西里傳統餐點，表現形式不一而足。儘管許多版本的部分食材重複，例如茄子、洋蔥和大蒜，但有些卻會增減其他不同食材，像是橄欖、酸豆或糖。既然我極度重視餐點能完整表現出蔬菜的天然甜味，所以由我設計的西西里燉菜就不會加糖。話雖如此，我也想和西西里人一樣，用酸豆與紅辣椒片作爲食材，好讓這道菜能額外多一點風味與活力。開動吧！

備料時間：15分鐘　烹調時間：45分鐘

材料：

橄欖油1/4杯

中等大小的茄子2根（切丁）

中等大小的洋蔥1顆（切丁）

中等大小的青椒1顆（切丁）

西洋芹莖3根（切丁）

大蒜1小球（剁碎，分量約等於5~7瓣蒜瓣）

卡拉馬塔橄欖[3] 3/4杯（去核）

青橄欖3/4杯（去核）

番茄醬汁約225公克

番茄糊170公克

紅酒醋2~3湯匙（依個人口味適量添加）

乾燥牛至1/4茶匙

辣醬數滴（依個人口味適量添加）

細磨海鹽（依個人口味適量添加）

黑胡椒（依個人口味適量添加）

法式長棍麵包片、餅乾、剛出爐的麵包，或者為餐點鋪上一層綠色蔬菜（上桌前用）

1. 先在大型平底鍋倒入橄欖油，以中火加熱。當油與鍋子都已變熱，立即下蔬菜丁與大蒜炒30分鐘左右，將蔬菜炒至半透明。

2. 以縱向切開橄欖。有些橄欖對半切開，另一些則切成4等分。

3. 在炒蔬菜的鍋子裡加進橄欖、番茄醬汁、番茄糊與紅酒醋充分拌勻，讓蔬菜都能沾覆調味料。之後調降火力，以小火燉煮至少15分鐘，或者是煮到茄子變軟，且燉煮過程中須頻繁攪拌。

4. 在鍋裡拌入牛至、辣醬、海鹽與黑胡椒。

5. 將煮好的西西里燉菜和法式長棍麵包片、餅乾、剛出爐的麵包，或者是在燉菜底下鋪上一層綠色蔬菜，即可上桌。

這道西西里燉菜既能趁溫熱食用，也可以放涼到室溫再吃，否則也能作爲冷食。儘管它放1天後滋味會更爲濃郁，但也可做好後立即享用。煮好的西西里燉菜放進密封容器置於冰箱，至少可保存1週。

備註

　一挑選茄子時，要選拿在手裡會覺得重的茄子，這很重要。除此之外，應該要選擇茄子皮光滑無
　瑕，柄則保持鮮綠的茄子。

3 譯註：卡拉馬塔橄欖（**Kalamata olive**）以位於希臘南部的城市為名，是一種深紫色的大橄欖。

奶油白腰豆飯 Creamy White Beans and Rice

分量：4人份

要端上這道滋味濃郁的可口餐點時，我很愛將它與五彩繽紛，滿是新鮮蔬菜的沙拉一起用碗裝著端上桌。雖然它是一道完美的配菜，但其中含有豐富的蛋白質與膳食纖維，拿來當成主食也綽綽有餘。相對於傳統的黑龜豆飯，這道餐點的白腰豆吃起來像是含有乳脂，用它來取代黑龜豆飯也可以讓人吃得很開心。

備料時間：5分鐘　烹調時間：15分鐘（包括煮飯時間）

材料：

泰國香米（也可用煮好後具有黏性的長米代替），或是煮熟的飯3又1/2杯。

橄欖油1茶匙

甜洋蔥丁1/3杯

細磨海鹽1/2茶匙

辣椒粉1/4茶匙

洋蔥粉1/4茶匙

卡宴辣椒粉1/8茶匙（依個人口味適量添加）

15盎司的罐裝白腰豆1罐（須瀝乾，最好用北美白腰豆）

腰果奶1/4杯（亦可用味道清淡的植物奶）

營養酵母1湯匙

新鮮芫荽（切碎）1/4杯

1.先煮飯。此時須先在中等大小的湯鍋加進1杯米和1又3/4杯的水。之後不蓋鍋蓋，以大火煮沸食材。水煮滾即開始攪拌，然後轉小火蓋上鍋蓋煮12~15分鐘。水煮到蒸發，就得不時攪拌鍋裡的米，以免煮焦。等米煮到具有黏性且口感柔軟，代表飯煮好了。隨後讓鍋子離火，靜置3~4分鐘。等到要上桌前再以叉子翻鬆鍋裡的飯。

2.以小火燉煮鍋裡的米這段期間，同時做好放在白飯上的腰豆。這時候須先在中等大小或大型平底鍋裡，加進油或是蔬菜高湯，再以中火加熱。接著添加洋蔥，再以鹽、辣椒粉、洋蔥粉和卡宴辣椒粉調味，攪拌到洋蔥與調味料彼此混合。之後炒2~3分鐘左右，炒到洋蔥開始變成半透明，調味料也都散發香味，仍需偶爾翻攪食材。

3.接下來在平底鍋加進白腰豆攪拌，讓白腰豆混合已經與其他食材一起炒過的洋蔥。之後持續拌炒約1分鐘，讓白腰豆變得溫熱。為了避免白腰豆在拌炒過程中被壓爛，拌炒時舀起和翻轉白腰豆的動作，都必須輕柔。

4.隨後在鍋子裡添加腰果奶，攪拌約1分鐘，讓腰果奶變得溫熱。接著加進營養酵母攪拌混合之後調降火力，以極小火燉煮。當營養酵母融化，也就是燉煮3~4分鐘左右，就拌入芫荽，再多燉煮1~2分鐘，而且過程中須不時攪拌。完成後，立即將煮好的白腰豆放在飯上。

炒小白菜佐白豆泥 Sauteed Baby Bok Choy over White Bean Puree

分量：8人份

身為饕客的你，作為東道主招待賓客時，這道餐點會成為完美無瑕的配菜。它不僅將小白菜的素樸滋味與大蒜、洋蔥相互結合，還放上細滑如乳脂的豆泥端上餐桌。這種搭配除了會使人的味覺驚豔不已，府上嘉賓也會對它刮目相看。如果想營造出雅緻的格調，也可用小白菜做成玫瑰花形的裝飾，再搭配一枝帶有葉片的迷迭香嫩枝，用來裝飾餐盤。

備料時間：5分鐘　烹調時間：15分鐘

材料：

橄欖油1又1/2茶匙（烹調過程中在不同步驟分別添加。若希望做出來的餐點不含油，拌炒時可選擇用蔬菜高湯。無油煎炒的方式，請見本書第17頁）

甜洋蔥切丁2/3杯（烹調過程中在不同步驟分別添加）

剁碎的大蒜2湯匙（烹調過程中在不同步驟分別添加）

乾燥迷迭香葉1茶匙

細磨海鹽3/4茶匙（烹調過程中在不同步驟分別添加）

黑胡椒少許

不加糖或甜味劑的腰果奶1/2杯（如果想做不含堅果的餐點，也可以選擇用味道清淡的植物奶）

15盎司的罐裝白豆1罐（沖洗後瀝乾）

椰子氨基醬油或美式醬油4茶匙（烹調過程中在不同步驟分別添加）

小白菜10~12棵（去芯後切段，每段長度約2.5公分）

1. 先在小型平底鍋放進1/2茶匙油，以中火加熱。接著加進1/3杯洋蔥、蒜末1湯匙和迷迭香，以及1/2茶匙的鹽，還有黑胡椒，攪拌至洋蔥和蒜末都混合調味料。之後拌炒約8分鐘，炒到洋蔥開始呈半透明，大蒜也開始轉為褐色，仍需偶爾翻攪食材。此時若有調味食材黏在鍋底，可以再加2湯匙腰果奶，用來做鍋底醬。

2. 在高速調理機加進已經在平底鍋翻炒混合後的食材，再添加腰果奶、白豆，和2茶匙椰子氨基醬油，以高速攪拌成材質地滑順的白豆泥後靜置一旁。

3. 在大型平底鍋加進剩餘的油（此時用鍋子邊緣比較高的平底鍋會比較好），並以中火加熱。隨後添加剩餘的1/3杯洋蔥、蒜末1湯匙，以及1/4茶匙的鹽，拌炒約8分鐘，炒到洋蔥開始轉為半透明，大蒜也開始變成褐色，仍需偶爾翻攪鍋中食材。

4. 將小白菜加進鍋裡，混合洋蔥與大蒜，再加2茶匙椰子氨基醬油輕輕翻攪。拌炒約1~2分鐘，炒到小白菜已經變軟，顏色卻依舊鮮綠，仍需偶爾翻攪鍋裡食材。

5.餐點盛盤時，先舀1/4杯左右白豆泥放在盤子上，再將小白菜放在豆泥上，即可上
　桌。

4 譯註：美式醬油（liquid aminos）是一種含有天然氨基酸，而且不含麩質，也並非以發酵方式製成的產品，在美國常用來
　　代替醬油。

烤瑞可塔義式開胃麵包片 Baked Ricotta Crostini

分量：32人份

這些漂亮又有乳酪味，而且看起來像吐司的開胃料理端上餐桌時，很快就會被一掃而空。況且藉由「一手拿著輕盈柔軟的香草乳酪，另一手拿著葡萄酒」的方式來招待自己，實在是十全十美。就連小朋友也會喜歡！

備料時間：5分鐘　烹調時間：15分鐘

材料：

法式長棍麵包1條

純素香草瑞可塔乳酪2杯（須恢復為室溫。純素瑞可塔乳酪食譜見本書第81頁）

青橄欖與番茄切碎（用來作為配料，加或不加均可。如果要加，為了避免番茄汁滲漏在義式開胃麵包片上，只能用番茄果肉）

1. 烤箱先預熱至攝氏175度左右，並為金屬烤盤鋪上烤盤紙。

2. 為法式長棍麵包切片，每片厚度為1.3公分，再將麵包片放在金屬烤盤上，放進烤箱烤8~10分鐘左右，讓麵包片稍微烤成褐色。如果希望做出來的餐點含有油份，將麵包片放進烤箱前，可先為每片麵包輕輕抹上橄欖油。

3. 當麵包片都已經稍微烤成褐色，就立即取出，再將烤箱溫度提高為攝氏220度。

4. 接著為每片烤過的麵包塗覆1湯匙左右的瑞可塔乳酪。此時塗上的乳酪厚度約0.6公分。之後將塗上瑞可塔乳酪的義式開胃麵包片放回鋪有烤盤紙的烤盤上，每片麵包之間必須相距至少2.5公分。隨後烤大約5~7分鐘，烤到瑞可塔乳酪開始轉為淡褐色。

5. 從烤箱裡取出義式開胃麵包片，放在烘培冷卻架上3~5分鐘。如果想在上面放些已經切碎的青橄欖和番茄，不妨先加上再端上桌。這道餐點可以趁熱食用，也能放涼到室溫再吃，亦可冷藏後享用。

祕訣：想想縮短烹調時間的話，不妨在店裡買一包現成的無麩質義式開胃麵包片，同時跳過步驟1與步驟2。

蔬食神射手 Veggie Shooters

分量：可變化

「易於準備」、「美味」、「隨性」……來檢視某道餐點，這道開胃料理全都符合。所以我很愛這道適合派對的開胃料理。做這道餐點時，你可以用你偏好且色彩繽紛的當季蔬菜，根據自己的需求來做。況且食譜中佐以蔬食田園沙拉醬，表示你和府上賓客吃了都能輕鬆無負擔。

備料時間：10分鐘　烹調時間：無

材料：

紅椒**1**大顆

黃椒**1**大顆

胡蘿蔔**2**大根

英國黃瓜**1**根

大頭菜（**kohlrabi**）或涼薯
（**jicama**）**1**顆

田園沙拉醬（食譜見本書第**73**頁）

祕訣：

—處理甜椒時，須先切除頂端和底部。接著為甜椒去芯，再以縱向切成長條。

—要處理大頭菜或涼薯時，須先為食材削皮。接著將它切成0.6公分粗的圓柱。之後將食材切成長條狀時，必須以圓心為準，切出來的長條食材才會最長。沒有用到的條狀食材可以留下來當作點心，或者是當成配料加在沙拉上。

備註

—我用的玻璃杯高度約為9公分、直徑大致是3.8公分。不過只要是透明的小玻璃杯都可以用。

—為了可以輕鬆備妥這道開胃料理，沙拉醬不妨提前一天做好。除此之外，為了讓做出來的沙拉醬質地比較濃稠，讓大家從玻璃杯取出蔬菜時，醬料會黏附在蔬菜上，我在食譜中只用了最少量的液體食材。

1.蔬菜都先沖洗後晾乾。如果蔬菜需要削皮，這時候也必須為它削皮。之後將蔬菜都切成條狀，長度為10~12.5公分，寬度大致是0.6公分。蔬菜條的尺寸可以隨玻璃杯大小變化。雖然切出來的蔬菜條必須高過玻璃杯，但不要因此讓玻璃杯頭重腳輕。

2.在每個玻璃杯放入沙拉醬。加進杯裡的醬料高度約為杯子的1/3。

3.在玻璃杯裡排好蔬菜，即可上桌。

水牛城花椰菜 Buffalo Cauliflower

分量：6~8人份

在運動競賽舉行的日子裡，這種水牛城花椰菜能讓參賽者表現更出色。它可以一口吃掉，又能使聚會變得愉快，外層還裹著厚厚麵衣，而這層麵衣不僅調味模仿傳統食譜，還更加美味。曾經有酷愛美國水牛城辣雞翅[5]的人，由於對這種花椰菜的滋味口感類似水牛城辣雞翅而甚感驚奇，就經常回到當初嚐到它的地方，讓自己再吃一輪！

備料時間：15分鐘　烹調時間：25分鐘

材料：

不加糖或甜味劑的植物奶**3/4杯**

白米粉**3/4杯**

洋蔥粉**1/2茶匙**

蒜粉**1/2茶匙**

細磨海鹽**1/2茶匙**

紅椒粉**1/4茶匙**

花球為中等大小的花椰菜**1顆**（須將花球切成小花）

辣椒醬**2/3杯**

白醋**2湯匙**（關於白醋是否含有麩質，請參考食譜最後的「祕訣」說明）

中東芝麻醬**2茶匙**（若要做不含堅果的版本，可用杏仁醬或腰果醬代替）

椰子氨基醬油**1/2茶匙**（若要做不含大豆的版本，可用無麩質醬油取代）

田園沙拉醬（食譜見本書第**73**頁。）

胡蘿蔔與西洋芹切成棒狀

備註
－測量無麩質穀粉時所用的技巧，請見本書第12頁。

1. 烤箱預熱先至攝氏220度左右，烤盤鋪上烤盤紙。

2. 在中等大小的碗裡加進植物奶、白米粉、洋蔥粉、蒜粉、海鹽與紅椒粉，攪打至完全混合，製成麵糊。然後將花椰菜放進麵糊裡輕輕攪拌，讓花椰菜裹上麵糊。

3. 從碗中取出花椰菜，並以漏勺篩去多餘麵糊，放在金屬烤盤上。此時除了必須將花椰菜平鋪不交疊。烘烤15分鐘後，從烤箱取出金屬烤盤翻轉花椰菜，再多烤5~7分鐘，或者是烤到麵衣轉為金褐色且變得乾硬。

4. 烤花椰菜時，用小型附蓋長柄湯鍋混合辣椒醬、白醋、中東芝麻醬和椰子氨基醬油，再將鍋子放上爐子以小火加熱。當食材變得溫熱，就開始攪打，製成水牛城辣醬。等醬料變得溫熱，立即讓鍋子離火，蓋上鍋蓋。

5. 花椰菜烤好即從烤箱取出，但烤箱必須維持啓動狀態。之後將花椰菜放在中等大小的碗裡，覆上水牛城辣醬輕輕轉動，讓醬料能裹住花椰菜。接著將花椰菜放回金屬烤盤，再重新放進烤箱約3~5分鐘，讓花椰菜變得溫熱。

6. 之後將做好的餐點和你特別喜愛的沾醬，或者是由我設計的田園沙拉醬放在一起，搭配切成棒狀的胡蘿蔔與西洋芹，立即端上餐桌。

祕訣：蒸餾白醋不含麩質嗎？根據國際製醋協會（Vinegar Institute）的說法，以蘋果、葡萄、玉米或米作為食材的蒸餾白醋，可視爲不含麩質。但無論如何還是要看商品上的標籤才能確認。

5 譯註：美國水牛城辣雞翅（Buffalo wing）以未沾覆麵包屑的雞翅作為食材，經油炸後裹上由醋和卡宴辣椒粉製成的辣醬，而且上桌時必須附上融化的奶油。

水果堅果乳酪條 Fruit and Nut Cheese Log

分量：可變化

（本食譜做出來的乳酪條尺寸約17.8公分〔7英吋〕長，寬度和高度都是6.5公分〔2又1/2英吋〕）

讓我們懷舊一下吧！一九七〇年代時，要是聚會餐桌上沒有乳酪條，也沒有擺滿餅乾，它就不算圓滿。先前有人會覺得這種作風很過時，如今它又流行回來了，所以大家現在都會以形形色色的香草植物和各式各樣的水果或堅果來製作乳酪條。這種蔬食乳酪條含有滿滿的果乾，外面還裹著剁碎的堅果，不僅能作爲美味點心，也能當成晚餐前的開胃料理，還能在品酒時搭配享用。

備料時間：10分鐘（不包含浸泡腰果或冰鎮食材所需時間）　烹調時間：無

材料：

未經加工處理的腰果2杯（須先浸泡）

檸檬汁3湯匙

蘋果醋2又1/2茶匙

香草精1又1/2茶匙

細磨海鹽1/2茶匙

鳳梨乾切丁1/4杯

木瓜乾或杏桃乾切丁1/4杯

歐洲酸櫻桃乾或蔓越莓乾切碎1/4杯

胡桃、美國山核桃，或者是杏仁剁碎1/2杯

水薄脆餅[6]、米餅，或其他沒有特殊味道的普通脆餅（端上餐點時用）

蘋果或梨之類的新鮮水果切片（端上餐點時用）

涼薯、西洋芹，或胡蘿蔔之類的新鮮蔬菜切片（端上餐點時用）

備註

— 浸泡腰果的相關技巧請見本書第17頁。如果要以熱水浸泡腰果，浸泡時間大約是2小時。和書裡其他食譜建議的浸泡時間相比，用這種方式浸泡腰果的時間，會稍微長一點點。

1. 先在食物調理機放進腰果，強力攪打至腰果都碎成小塊。接著再加入檸檬汁、蘋果醋、香草精與鹽，攪拌1~2分鐘左右，讓食材質地變得滑順。由於在攪拌過程中食材會結成球狀，所以必須偶爾暫停攪拌，刮淨調理杯內側與底部，把球狀鬆開才能繼續攪拌。

2. 當食物調理機裡混合其他食材的腰果已經攪拌得質地滑順，就在其中添加果乾。之後強力攪打數次，藉以混合食材。

3. 隨後在小碗中放一張保鮮膜，再將食物調理機裡的食材全都倒進碗中。然後聚攏保鮮膜邊緣束緊，讓保鮮膜裡的食材能形成球狀或圓木形長條狀。接著冰鎮1小時或更久，讓食材變得稍硬才好處理。

6 譯註：水薄脆餅（water cracker）誕生於十九世紀初。這種餅乾的命名由來，據說是由於它以水和麵粉製成，不會在船隻長途旅行中變質。這種又薄又硬的脆餅，如今常搭配乳酪與葡萄酒一起食用。

4.將已經剁碎的堅果放在淺盤或托盤上,再從冰箱取出乳酪球,並取下保鮮膜。倘若先前未將食材塑成圓木形,此時就得將乳酪球塑成圓木形的條狀;也可讓乳酪球維持原貌,上桌時端上乳酪球,而非塑成圓木形的乳酪條。之後在放了堅果的淺盤或托盤上輕輕滾動乳酪,好讓堅果能裹住乳酪。

5.接著立即將乳酪條和餅乾、水果或蔬菜一起端上餐桌。做好的乳酪條放進冰箱,可以存放5天左右,否則也可以冷凍保存4~6週。倘若冷凍保存,只要在吃的前一晚放進冰箱冷藏室解凍一夜即可。

主食與大餐

黑龜豆花椰菜飯 Black Beans and Cauliflower Rice

分量：作為主食是4人份，當作配菜為6人份

和傳統的黑龜豆飯相比，這種黑龜豆花椰菜飯除了能讓你充滿活力，也更有營養，而且其中的碳水化合物含量也較低。它不僅能成為絕佳主食、美味可口的配菜，還可以當作墨西哥傳統捲餅中的理想餡料，可以說無所不能。若希望做出來的餐點滋味比較清淡，建議不妨省略食材中的卡宴辣椒粉和醃漬墨西哥辣椒片不用，同時以芫荽取代香芹，再添加鮮榨檸檬汁兩茶匙。要是想將餐點做更香辣些，就加上1/4茶匙辣椒粉、1/4茶匙蒜粉，並在烹調過程中加入黑龜豆之後，再加一小撮百里香。倘若希望做出來的餐點更香，那麼添加香料調味時，分量可以多加1/4茶匙。

備料時間：10分鐘　烹調時間：15分鐘

材料：

橄欖油2湯匙（若希望做出來的餐點不含油，拌炒時可選擇用蔬菜高湯或水）

甜洋蔥丁1/2杯

大蒜3瓣（剁碎）

紅椒丁1/2杯（分量約為中型紅椒1顆）

卡宴辣椒粉1/4茶匙（依個人口味適量添加）

海鹽與黑胡椒（依個人口味適量添加

醃漬墨西哥辣椒片切丁3湯匙（若偏好清淡口味，可省略不用）

花椰菜飯滿杯3杯

15盎司（約425公克）罐裝黑龜豆1罐（沖洗後瀝乾）

新鮮香芹或芫荽切碎1/2杯

1. 先以中火在平底鍋裡加熱橄欖油，再加進洋蔥與大蒜，炒到食材轉為金黃色。接著添加紅椒，並以卡宴辣椒粉、鹽與黑胡椒為大蒜與洋蔥調味。攪拌混合食材後，再繼續拌炒約5分鐘，炒到洋蔥開始呈半透明，仍需偶爾攪拌。隨後再加進醃漬墨西哥辣椒片一起拌炒。

2. 將花椰菜飯倒在鍋蔬菜上，同時適量撒上鹽與黑胡椒拌炒混合。接著依個人口味，再度適量添加鹽與黑胡椒，繼續炒5~7分鐘，或是炒到花椰菜變軟，但不至於軟爛。

3. 在鍋子裡加進黑龜豆，再多炒2分鐘，或者是炒到黑龜豆變得溫熱，也稍微有點變軟。隨後添加香芹或芫荽充分拌炒混合，就能立即上桌。吃剩的黑龜豆花椰菜飯可以放進冰箱保存3~4天，想吃時候也可加熱。要加熱黑龜豆花椰菜飯，只需為容器加上蓋子，放進微波爐以中火力加熱1~2分鐘，或放進平底鍋，放在爐子上以中火加熱，而且加熱過程中必須間歇拌炒。

如何做花椰菜飯

先將花椰菜花球切成小花,並去除粗壯的花椰菜芯。接著將花椰菜的花分成小批放進食物調理機,強力攪打到花椰菜的花都變成米粒狀,但不要攪打太久,否則花椰菜會變成花椰菜泥。隨後將變成米粒狀的花椰菜放進大碗,再依處理食材所需次數重複上述程序。要是花椰菜的花還帶有菜芯,此時必須去除菜芯後丟棄。若不丟棄菜芯,也可用筒形刨刀將花椰菜芯刨切成米粒狀。

茄子花椰菜雜燴飯 Eggplant Cauliflower Dirty Rice

分量：約8杯

這份食譜在我部落格裡，始終都特別受人喜愛，依它製成的餐點在我家，也是大家最想嚐到的餐點之一。這種茄子花椰菜飯，是碳水化合物含量很低的蔬食餐點。由於它的風味結合卡郡人與克里奧爾人[1]的料理特色，不僅令人大感滿足，而且吃到餐盤上的最後一口時仍舊口齒留香。

備料時間：30分鐘　烹調時間：40分鐘

材料：

橄欖油1/4杯加2湯匙（烹調過程中在不同步驟分別添加）

蒜粉1/4茶匙

紅辣椒片1/2茶匙

細磨海鹽1又1/4茶匙（烹調過程中在不同步驟分別添加）

細磨黑胡椒1/2茶匙（烹調過程中在不同步驟分別添加）

中型茄子1根（切丁，每邊長約1.3公分）

大蒜2瓣（剁碎）

白洋蔥切丁1杯

西洋芹莖兩根（切丁，分量約3/4杯）

青椒切丁1/2杯

紅椒切丁1/2杯

花椰菜飯滿杯3杯

乾燥百里香1茶匙

卡宴辣椒粉1/4茶匙

紅椒粉1/4茶匙

孜然1/4茶匙

1. 烤箱先預熱至攝氏200度左右，並為金屬烤盤鋪上烤盤紙。

2. 在大碗中加進1/4杯橄欖油，以及蒜粉、紅辣椒片、1/4茶匙海鹽、1/4茶匙黑胡椒攪拌混合，製成調味油。然後在調味油裡添加茄子，再輕輕攪拌，讓茄子都能充分裹上油脂。接著在金屬烤盤上散置平鋪茄子丁。隨後烤40分鐘。烤到20分鐘時從烤箱取出，為茄子翻面。當茄子烤好，就取出金屬烤盤，直到拌炒混合的蔬菜時再加進去。

3. 烘烤茄子期間，同時備妥花椰菜飯。（本書第173頁有製作花椰菜飯的說明）

4. 在大型平底鍋添加2湯匙橄欖油，以中火加熱。然後在溫熱的油裡加進大蒜。等大蒜開始發出嘶嘶聲，就添加洋蔥、西洋芹與甜椒，拌炒約5~8分鐘，讓洋蔥開始變成半透明。

5. 將花椰菜飯加進拌炒混合後的蔬菜，以木匙或鍋鏟混勻。接著撒上剩餘的1茶匙海鹽，以及1/4茶匙黑胡椒，攪拌所有食材。之後在混合的食材裡加乾燥百里香，而且添加時必須以手指磨碎。然後再加入卡宴辣椒粉、紅椒粉、孜然與煙燻辣椒粉充分攪拌。

煙燻辣椒粉**1/4**茶匙（若希望口味淡一點，可以選擇少加一點，但必須以分量相同的孜然，取代減去的煙燻辣椒粉用量）

備註

—若希望這道菜口味溫和一點，可以減少卡宴辣椒粉和煙燻辣椒粉用量，就以分量相同的孜然取代。

6. 繼續拌炒蔬菜約5~7分鐘，或是炒到花椰菜軟而不爛的程度。然後將茄子加進拌炒混合後的蔬菜輕輕攪拌混合。如果此時茄子已經冷卻，將鍋子放在爐火加熱到茄子變得溫熱。之後立即將餐點端上餐桌作為配菜或主菜。做好的餐點放進密封容器，置於冰箱可妥善保存3~4天。要加熱餐點也很容易只要為放置餐點的容器蓋上蓋子，放進微波爐以中火力加熱1~2分鐘，或者是將它放進平底鍋，再把鍋子放上爐子，以中火加熱5~7分鐘，而且加熱過程中必須間歇翻攪。

1 譯註：克里奧爾人（Creole）原指殖民時代歐洲人與殖民地人民所生的後裔。在美國，由於路易斯安那州曾遭法國與西班牙佔領，所以這個詞彙在美國，指那個時代當地居民的後代子孫。

經典邋遢喬三明治 Classic Sloppy Joes

分量：7~8份

這些美味至極的漢堡含有大量蛋白質，囊括的風味也很豐盛，除了會使你的味蕾嚐到香濃滋味，也能讓你飽餐一頓。所以每當你想大快朵頤，它就能滿足你的需求。為了使它能有傳統漢堡的香甜並加強營養，我在烹調過程中沒有加糖，卻用了胡蘿蔔與紅椒。依這份食製成的餡料，不僅能夾進無麩質漢堡圓麵包或法式長棍麵包中，也可以用來填在捲餅裡，或是加在義大利麵上。

備料時間：10分鐘　烹調時間：20分鐘

材料：

乾燥小扁豆**1杯**（須以冷水沖洗）

蔬菜高湯**2杯**

酪梨油、橄欖油，或精製椰子油**1茶匙**（若做不含油的版本，拌炒時可選擇用蔬菜高湯或水）

紅椒切丁**1杯**

洋蔥切丁**1/2杯**

磨碎的胡蘿蔔**1杯**

紅椒粉**1又1/2茶匙**

蒜粉**1又1/8茶匙**

辣椒粉**1茶匙**

細磨海鹽**1/2到3/4茶匙**（依個人口味適量添加）

黑胡椒少許

番茄醬汁**1又1/2杯**（約為15盎司的番茄醬汁罐頭1罐）

事先做好的芥末醬**1湯匙又2茶匙**

蘋果醋**1湯匙**

備註

－以綠色小扁豆作為食材，製成的邋遢喬滋味比較辛辣。要是希望漢堡或三明治餡料軟一點，就用紅色小扁豆，而且在餐點端上桌前，必須以馬鈴薯壓泥器，搗壓紅色小扁豆和混合其他食材的蔬菜5~6次。

1. 先在湯鍋放進小扁豆與蔬菜高湯，煮到稍微沸騰時，就斜斜蓋上鍋蓋，繼續煮20分鐘左右。此時鍋裡的小扁豆應該已經吸收大部分蔬菜高湯並且軟化。

2. 接著用大型平底鍋以中火熱油，拌炒紅椒、洋蔥和胡蘿蔔大約7~8分鐘，讓洋蔥呈半透明。

3. 之後為蔬菜添加紅椒粉、蒜粉、辣椒粉、海鹽與黑胡椒，並在充分混勻後多炒1~2分鐘，讓調味食材的香味都能散發出來。

4. 在混合其他食材的蔬菜裡拌入番茄醬汁，再加進芥末醬與蘋果醋製成醬料，並以中火繼續拌炒，讓醬料變得溫熱。隨後以木匙或鍋鏟讓小扁豆緩緩陷入醬料中。鍋子離火後，就將作為內餡的醬料，與圓麵包或法式長棍麵包一起端上餐桌。

5.吃剩的餐點放進密封容器，置於冰箱可保存3~5天。要加熱的話，必須將餐點放進平底鍋，再將鍋子放上爐子加熱。加熱時若希望餐點變得溼潤，不妨根據情況需要，在鍋裡添加1湯匙番茄醬汁或蔬菜高湯。

香辣蕎麥漢堡排 Zesty Buckwheat Burgers

分量：9片

蕎麥會讓這些漢堡排嚼在嘴裡富有質地且有耐嚼的口感，所以這種漢堡排吃起來跟傳統漢堡排沒什麼兩樣。這種能滿足口腹之欲的另類漢堡排雖然美味，搭配它食用的餐點滋味卻不能太過濃郁，否則會蓋過其他配料或調味料的風味。這種漢堡排除了是全蔬食，還不含穀類、堅果、豆類與大豆。不管你偏好用烤的還是油炸都行。現在你不用再繼續尋尋覓覓，因為你能享用漢堡的時光，此刻已經回到你眼前了！

備料時間：40分鐘　烹調時間：30分鐘

材料：

奶油南瓜680公克

橄欖油2湯匙（烹調過程中在不同步驟分別添加）

細磨海鹽1又1/2茶匙（烹調過程中在不同步驟分別添加）

紅椒粉1又1/2茶匙（烹調過程中在不同步驟分別添加）

辣椒粉1又1/2茶匙（烹調過程中在不同步驟分別添加）

尚未烹煮的蕎麥粒1杯

牛至1又1/2茶匙

洋蔥粉1茶匙

百里香1茶匙

甜洋蔥切丁1/2杯

西洋芹切丁1/2杯

蒜瓣6大瓣（須剁碎，分量約1/4杯）

椰子粉或無麩質燕麥粉1/2杯（用來裹覆漢堡排兩面）

1. 烤箱先預熱至攝氏200度左右，並在烤盤鋪上烘焙紙。

2. 奶油南瓜削皮去籽再切成塊狀，每邊約1.3公分。然後將切塊南瓜與橄欖油1湯匙，以及海鹽、紅椒粉和辣椒粉每種各1/2茶匙一起放進大碗充分混合，讓其他食材都能裹住南瓜。接著在金屬烤盤上平鋪南瓜，總共烤30分鐘，每烤15分鐘翻面一次。接下來從烤箱取出南瓜，靜置一旁冷卻。倘若漢堡排做好後需要烘烤，烤箱溫度必須調降為攝氏190度左右。

3. 烘烤南瓜期間，同時以中型湯鍋混合蕎麥粒與2杯水，煮沸後蓋上鍋蓋轉小火，燉煮5~7分鐘，直至蕎麥粒已經吸收鍋裡的水而且變軟，之後讓鍋子離火，靜置一旁。

4. 在小碗中摻入牛至、紅椒粉1茶匙、洋蔥粉、辣椒粉1茶匙、海鹽1茶匙和百里香充分混合。

5. 在中型煎鍋裡放進1茶匙橄欖油，以中火加熱。油燒熱後，添加洋蔥、西洋芹和大蒜拌炒。之後加入先前混合的調味料1/2，分量約1湯匙，再拌炒5分鐘左右，炒到洋蔥開始變軟且呈半透明。炒好即離火。

6. 在食物調理機放進烤好的南瓜強力攪打，讓大部分南瓜質地都變得滑順，但不應打成流質。要是不用食物調理機處理南瓜，也可以親手將烤好的南瓜搗壓成泥。之後在中型攪拌碗裡，加進南瓜和煮好的蕎麥粒2又1/2杯，以木匙攪拌混合，再添加用香料炒過的蔬菜，攪拌混合後準備用來做漢堡排。接下來在已經混合的食材裡，再加進剩餘的混合香料攪拌均勻。

7. 在小淺碗或小淺盤放進椰子粉或無麩質燕麥粉。由於做一個漢堡排，必須使用1/3杯先前製成的混合食材，所以此時要將1/3杯混合食材放在手裡，先緊緊揉捏擠壓成球，再以雙手手掌壓平，使它成為直徑約7.6公分、厚度1.3公分左右的漢堡排。然後將做好的漢堡排放在椰子粉或無麩質燕麥粉上，再拿起來輕輕拂去多餘粉末。之後重複上述程序，為漢堡排另一面覆上椰子粉或無麩質燕麥粉。

8. 開始煮漢堡排。若是油炸，此時必須在不沾煎鍋裡加進1茶匙左右的橄欖油，以中火加熱。當油燒熱，就放進煎鍋，每面煎5~7分鐘，讓漢堡排變硬並轉為褐色。

9. 若採烘烤方式，就將漢堡排放在鋪了烤盤紙的烤盤上，以攝氏190度每面烘烤15分鐘。

上菜、保存與加熱餐點

上菜時的選項：

若要以吃傳統漢堡排的方式享用這種漢堡排，不妨將它放在沙拉上，或者是放在盤子裡，和你偏好的蔬食配菜一起端上餐桌。

保存：

吃剩的漢堡排放進密封容器，置於冰箱可妥善保存3~5天。除此之外，也可用蠟紙分別裹起每一個漢堡排放入夾鏈袋，再放進冷凍櫃保存，在加熱漢堡排前數小時，得先從冷凍櫃取出漢堡排，讓它能有時間解凍。

加熱：

加熱漢堡排時，必須用不沾鍋以中火加熱。每面加熱2~3分鐘。

純素櫛瓜千層麵 Vegan Zucchini Lasagna

分量：12片

我小時候要是發現當天晚餐有家裡自製的千層麵，我不僅會盼一整天，還會期待隔天也能吃到前一晚剩下的千層麵。時至今日，每當我嘴饞想吃自己最愛且最能療癒我的食物，這種千層麵就成為我的救星。這份食譜中的櫛瓜帶來的口感，適切取代了千層麵原有的質地，況且其中如奶油般香滑的香草瑞可塔乳酪，與滋味濃郁的義式番茄醬相得益彰，雖然這些食材不是傳統千層麵會用到的，卻能在烹調過程中搖身一變，做出一道經典的義大利料理。本食譜需要預先準備的部分相當容易。倘若需要回熱，做出很棒的剩菜餐點，其實也毫不費力——前提是要有任何千層麵吃剩！

備料時間：40分鐘（包括櫛瓜出水的時間。要是食材中的醬料與乳酪皆非現成，那麼此處的備料時間不包含製作醬料和乳酪的時間）　烹調時間：40分鐘

材料：

中型櫛瓜3~4根

鹽（用來讓櫛瓜出水）

簡易義式番茄醬，或現成義式番茄醬2又1/2杯（簡易義式番茄醬食譜見本書第185頁）

純素瑞可塔乳酪，或購自商店的現成純素瑞可塔乳酪2杯（純素瑞可塔乳酪食譜見本書第81頁）

刨成絲的純素莫札瑞拉乳酪1杯

純素帕馬森乳酪，或商店裡買到的現成純素帕馬森乳酪1/4杯（純素帕馬森乳酪食譜請見本書第83頁）

1. 烤箱先預熱至攝氏180度左右。要是食材裡的義式番茄醬、純素瑞可塔乳酪和純素帕馬森乳酪都已經提前做好，此時可從冰箱取出，恢復為室溫。食材恢復為室溫大約需要1小時。如用店裡購得的純素瑞可塔乳酪，此時就輕輕為現成乳酪拌入香草植物調味（詳見「祕訣」說明）。

2. 去除櫛瓜尾端，再以縱向大致切成18片，每片厚度是0.3公分。切櫛瓜時，我喜歡將頂端往下算的6片櫛瓜都切得稍微薄一點點。

3. 在有側邊的金屬烤盤放上烘培冷卻架，再將切好的櫛瓜片平鋪在烘培冷卻架上。接著為櫛瓜片兩面撒上鹽，出水30分鐘。也可以將櫛瓜片放進蔬果瀝水籃，再將瀝水籃放進廚房水槽並為櫛瓜加鹽，讓櫛瓜出水30分鐘。

備註

－可用預先煮好的無麩質千層麵取代這份食譜中的櫛瓜千層麵。

快速備料：

可以用事先備妥的義式番茄醬和純素乳酪下廚。

預先準備：

簡易義式番茄醬、純素瑞可塔乳酪以及純素帕馬森乳酪都可以提前做好，存放在冰箱裡1~2天。等到你準備要彙集食材製作千層麵時，再從冰箱裡拿出來用。

烹調餐點所用的手法規劃：

若要在一天內備妥這道餐點，而且要以我研發的食譜來製作純素瑞可塔乳酪和純素帕馬森乳酪，那麼就得為浸泡堅果預留時間。我建議不妨先浸泡堅果，再製作義式番茄醬。之後以小火燉煮醬料期間，同時製作瑞可塔乳酪和帕馬森乳酪。最後讓櫛瓜出水。

4. 30分鐘後，先為櫛瓜片洗去鹽分，再平放在廚房紙巾上。然後把櫛瓜片表面上多餘的水分也吸乾。

5. 在雙耳玻璃烤盤底部，鋪上一層薄薄的義式番茄醬，分量約為1/2杯。然後在烤盤底部放一層櫛瓜片，數量約為6片，每片都必須與烤盤短邊平行，一片接著一片橫越整個烤盤底部。接著為每片櫛瓜放上一小塊瑞可塔乳酪均勻塗抹開來。塗抹一整層櫛瓜片所用的乳酪大約是1杯左右。之後撒上1/2杯莫札瑞拉乳酪，再放上3/4杯義式番茄醬。重複這個程序，製作第二層千層麵。

6. 第二層千層麵完成之後，以第三層櫛瓜堆滿烤盤。接著鋪上另一層義式番茄醬，分量約1/2杯，再撒上1/4杯帕馬森乳或莫札瑞拉乳酪。

7. 以鋁鉑紙覆蓋烤盤，烤大約40分鐘，而且烤20分鐘之後，要先取下覆在烤盤上的鋁鉑紙。烘烤時可依醬料厚度增減烘烤時間。從烤箱取出烤盤，上桌前須先讓餐點冷卻至少10分鐘，使烤好的千層麵能固定成型。做好的千層麵放進蓋上蓋子的餐具裡，置於冰箱可保存2~3天。

祕訣： 如果用現成的純素瑞可塔乳酪作為食材，要在其中混合香草植物，不妨在乳酪裡添加乾燥牛至1又1/2茶匙、細磨海鹽1又1/2茶匙（倘若店裡買的乳酪帶有鹹味，可以少加點鹽）、乾燥羅勒1茶匙、蒜粉1/4茶匙，以及黑胡椒1小撮。

簡易義式番茄醬 Easy Marinara Sauce

分量：6杯

對我來說，這種簡易義式番茄醬是做義大利麵時不可或缺的醬料。預先做好之後，可以存放在冷凍櫃保存，也能快速解凍，除了是絕佳的基礎食材，在純素櫛瓜千層麵之類的餐點中（見本書第181頁），也是讓餐點變得美味的重要因素。

備料時間：10分鐘　烹調時間：1小時

材料：

橄欖油1湯匙（若希望做出來的醬料不含油，拌炒時可選擇用蔬菜高湯或水）

中型洋蔥1顆（切碎）

蒜瓣五大瓣（須剁碎，分量可依個人口味適量增減）

新鮮香芹切碎1/4杯，或乾燥香芹2湯匙

新鮮羅勒切碎2湯匙，或乾燥羅勒1湯匙

乾燥牛至1茶匙

細磨海鹽1茶匙（分量可依個人口味適量增加）

細磨黑胡椒1/4茶匙（分量可依個人口味適量增加）

28盎司的罐裝番茄泥1罐

29盎司的罐裝番茄醬汁1罐

辣椒粉（加或不加均可）

1. 先在容量約3.8公升的湯鍋加進橄欖油、蔬菜高湯，或水，再以中火加熱。之後添加洋蔥與大蒜，炒3~5分鐘左右，讓食材都炒成金黃色。接著加入香芹、羅勒、牛至、海鹽與黑胡椒，拌炒1分鐘。

2. 在已拌炒混合的食材裡加進番茄泥與番茄醬汁，充分攪拌製成醬料。若想調整滋味，此時不妨先嚐嚐味道，再微量添加像是蒜粉、羅勒、香芹，或者是辣椒粉之類的乾燥調味料（此時添加的調味料約為1/4茶匙）。加調味料時務必記得，調味料的滋味在醬料煮好時會更濃郁。由於辣椒粉會使醬料略帶鮮味，所以這時候我喜歡加點辣椒粉。

3. 將醬料煮到快沸騰的程度，再持續煮8~10分鐘。隨後調小火燉煮50分鐘，過程中須不時攪拌。

4. 完成燉煮後，把做好的義式番茄醬淋在義大利麵上，即可上桌。若要保存醬料，須先冷卻，再將醬料放進玻璃密封容器。冷藏可存放5天，冷凍則可保存1~2個月。

普羅旺斯燉菜佐豆類 Ratatouille and Beans

分量：5份（每份分量為1杯）

加在這道雜燴料理中的每種食材都能充分展現其滋味。所以先前我經由微調，讓加進其中的調味料與新鮮蔬菜，都能適切展現出食材風味，同時也讓食材與食材之間，都能取得恰如其分的均衡。在此之後，我選擇為它添加的食材，是最適合加在裡面的莢果，也就是白豆與鷹嘴豆。這道色彩鮮豔的餐點，除了會為你的晚餐帶來一抹醒目色澤，也會讓你感到滿足與受到滋養。

備料時間：15分鐘（包含番茄去皮的時間）　烹調時間：30分鐘

材料：

蔬菜高湯1杯（烹調過程中在不同步驟分別添加）

蒜瓣6大瓣（剁碎，分量約3~4湯匙）

洋蔥1小顆（切丁，分量約1/2杯）

西洋芹莖1根（切丁，分量約1/3杯）

細磨海鹽3/4茶匙

牛至1/2茶匙

卡宴辣椒粉1/8茶匙

細磨黑胡椒少許

紅椒1/2顆（切丁，分量約1/2杯）

中型胡蘿蔔1根（切丁，分量約1/4杯）

中型櫛瓜1根（必須切成每邊為1.3公分的塊狀，分量約為2杯）

去皮番茄5顆，或罐裝番茄3杯（切碎）

白豆或其他白腰豆1杯（稍微沖洗）

鷹嘴豆1/4杯（加或不加均可。加前須稍微沖洗）

1. 以鍋子邊緣高度至少7.5公分的深煎炒鍋，或者是附蓋長柄湯鍋或鑄鐵鍋，加熱1/4杯蔬菜高湯。炒大蒜與洋蔥約3分鐘，直至食材呈半透明。若不用蔬菜高湯炒大蒜與洋蔥，也可以用1茶匙橄欖油取代蔬菜高湯。不過如此一來，做出來的餐點就不屬無油料理。

2. 在鍋子裡添加西洋芹、海鹽、牛至、卡宴辣椒粉和黑胡椒攪拌混合，再炒2分鐘左右，讓西洋芹炒成半透明。

3. 接著加進紅椒、胡蘿蔔與櫛瓜炒3分鐘，期間不時拌攪，再添加番茄碎煮沸。隨後轉小火燉煮約5分鐘。若想為食材調味，此時不妨先嚐嚐味道，再額外加調味料。

4. 在鍋裡加進白豆，或者是將白豆與鷹嘴豆一起加進其中，同時添加1/4~1/2杯蔬菜高湯。加蔬菜高湯時，可根據你希望餐點含有多少湯汁增減用量。接著拌勻所有食材，再持續煮2~3分鐘左右，讓鍋裡的豆子都煮得溫熱。

5. 煮好的燉菜可以放在碗裡，當作燉湯端上餐桌，也可以加在義大利麵上一起享用。做好的燉菜放進玻璃容器，可以存放在冰箱裡4~5天。要加熱燉菜，只要將它放在爐子上，以中小火加熱。要是燉菜冷藏後變得濃稠，加熱時可以額外加點蔬菜高湯，但是要一次加1湯匙。

泰國羅勒義式白醬 Thai Basil Alfredo

分量：3杯

要是你此刻渴望能吃點什麼能填飽肚子又像樣的餐點，別猶豫了，義式白醬是義大利人偏愛的醬料，而這種義式白醬柔滑細膩，嚐起來香濃醇厚，食材卻完全不含奶類與奶類製品。它加了泰國羅勒、烤大蒜與青蔥，讓它略帶質樸氣息，也使醬料基底滋味變得豐厚濃郁。雖然傳統上大家都會搭配緞帶麵上，不過絕大部分的義大利麵也都可以搭。如果餐點淋上這種醬料，再和嫩芝麻菜玉米沙拉（食譜見本書第65頁）一起吃，更是絕佳的組合。

備料時間：5分鐘　烹調時間：30分鐘

材料：

無麩質義大利麵450公克左右

未經加工處理的腰果2杯（須先浸泡）

烤大蒜（食譜見本書第19頁）

不加糖或甜味劑的植物奶3/4杯（若要做比較稀的醬料，可以多加1/4杯植物奶）

檸檬汁2湯匙又1茶匙

青蔥切碎1湯匙（只用蔥白的部分）

營養酵母片2~3茶匙（依個人口味適量添加）

細磨海鹽1茶匙（可以依個人口味多加1/2茶匙）

泰國羅勒葉8~10片（須切碎）

細磨黑胡椒少許

備註

－浸泡腰果的相關技巧請見本書第17頁。要是採用快速浸泡，就得讓腰果浸泡40分鐘。

無油：
只要烤大蒜時不使用油，製成的餐點就不含油份。

烹調時間：
這道餐點需要的烹調時間，只有烤大蒜和煮義大利麵需要的時間。

羅勒：
在你購物的雜貨店新鮮香草植物區，通常都能找到泰國羅勒。也可以用新鮮羅勒取代泰國羅勒，但是用新鮮羅勒葉，分量只要4~5片即可。

1. 先依包裝上的說明煮義大利麵。

2. 煮義大利麵期間，同時製作義式白醬。此時須先在果汁機放入浸泡後的腰果、烤大蒜8~10瓣，以及食材清單中的剩餘食材，強力攪打數次，將腰果都打成碎塊。之後再以高速攪拌，讓食材質地變得滑順，製成醬料。需要刮淨調理杯內側時，不妨暫停

攪拌。當醬料已經攪拌得柔滑細膩，就先嚐嚐滋味，再依個人偏好添加更多營養酵母或海鹽與黑胡椒。倘若此時製成的醬料太濃，可以拌入植物奶，但必須一次加1湯匙，而且額外添加的植物奶分量，合計不能超過1/4杯。

3.將醬料淋在義大利麵上，即可上桌享用。做好的義式白醬放進密封容器，置於冰箱可保存至少1週。要加熱醬料時，只需將它放進湯鍋以小火加熱，而且過程中必須頻繁攪拌。要是冷藏後醬料變得太過濃稠，可酌量加入植物奶，必須一次加1湯匙，而且此時加進醬料的植物奶分量，合計不能超過1/4杯。

烤馬鈴薯佐薑黃花椰菜小扁豆 Turmeric Cauliflower and Lentils over Baked Potato

分量：6份（每份分量為1杯）

當你結合有益健康的調味蔬菜、可滿足人體所需的植物性蛋白質，以及能撫慰人心的澱粉類食物，你會得到什麼？答案是使人心滿意足的一餐！這道主菜除了療癒之外，薑黃還有助於人體抗氧化與抗發炎，同時還能填飽你的肚子。即使撇開健康上的好處不談，光是美味程度，就足以讓我常常吃它！

備料時間：10分鐘　烹調時間：45分鐘

材料：

烤馬鈴薯4~6顆

橄欖油1茶匙，再加上裹覆馬鈴薯用的橄欖油（不含油的版本，拌炒時可選擇用蔬菜高湯或水3~4湯匙）

杏仁條3/4杯（烹調過程中在不同步驟分別添加。若要做不含堅果的餐點，可省略不用）

洋蔥丁1/2杯

蒜瓣3瓣（剁碎）

花椰菜的花球1顆（切塊，每塊長約2.5公分，分量約為5~6杯）

薑黃粉1~2茶匙（依個人口味適量添加）

孜然1/2茶匙

紅辣椒片1/2茶匙

細磨海鹽1/2茶匙（可多準備些，用來烤馬鈴薯）

細磨黑胡椒1/2茶匙

蔬菜高湯三又1/2杯

1. 烤箱先預熱至攝氏220度左右。馬鈴薯洗淨晾乾後，先以叉子刺穿每個馬鈴薯2~3次。在馬鈴薯皮上抹點油（倘若希望做出來的餐點不含油，此步驟可省略），再撒上鹽。隨後將馬鈴薯放在金屬烤盤上，烤45分鐘，烤到一半時須翻面。當馬鈴薯都已經烤軟到可用叉子輕易刺穿或切碎，代表已經烤好。不過從烤箱裡取出烤盤1分鐘前，須先在馬鈴薯周圍撒上一半分量的杏仁條，將它們烘成褐色。之後從烤箱取出烤盤，放在烘培冷卻架上。

2. 在大型平底鍋或鑄鐵鍋添加橄欖油或蔬菜高湯，以中火加熱。然後加進洋蔥與大蒜，炒3分鐘左右，讓洋蔥開始轉為半透明。之後加入花椰菜，繼續炒大約8分鐘，炒到花椰菜呈金褐色時，再加進薑黃粉、孜然、紅辣椒片、海鹽與黑胡椒。充分混合鍋裡所有食材後，再繼續多炒2分鐘。

3. 在炒花椰菜的鍋子裡加進蔬菜高湯，再輕柔刮擦鍋底，將拌炒過程中沾黏在鍋底的食材做成鍋底醬。接下來添加小扁豆，並煮沸蔬菜高湯。高湯煮滾後轉小火燉煮15分鐘。

紅色小扁豆1杯（必須沖洗後瀝乾）

檸檬汁或紅酒醋1湯匙

青蔥2湯匙（須切碎。可多準備些，用來裝飾）

4.15分鐘後，在鍋裡加進檸檬汁或紅酒醋、青蔥，以及先前沒有放入烤箱烘烤的杏仁條攪拌混合。

5.以縱向將烤好的馬鈴薯切成薄片，準備端上餐桌。此時須先以叉子挖鬆馬鈴薯，也可以同時為馬鈴薯淋上少量橄欖油（若希望做出來的餐點不含油，跳過此步驟）。接著舀大約1/2杯薑黃花椰菜小扁豆放在馬鈴薯上，即可上桌。

6.吃剩的烤馬鈴薯可以保存1天左右。剩下的薑黃花椰菜小扁豆放進密封容器，置於冰箱可存放約3~4天。要加熱烤好的馬鈴薯時，須先以鋁鉑紙裹起馬鈴薯，再放進標準規格的烤箱，或者是烤吐司的小烤箱，以攝氏175度烤20分鐘。至於薑黃花椰菜小扁豆可以放進湯鍋，以小火加熱後放在剩餘的烤馬鈴薯上，和烤馬鈴薯一起端上餐桌，或者是放進碗裡作為配菜。

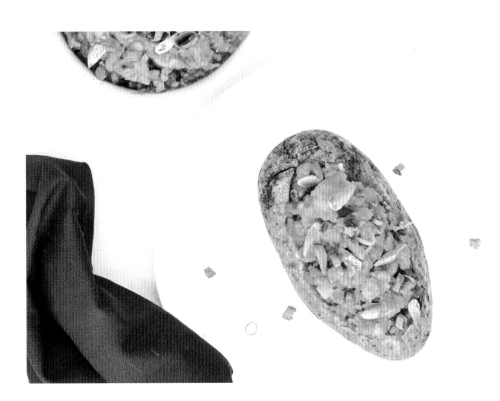

鷹嘴豆蘆筍花椰菜燴咖哩 Curried Chickpeas, Asparagus, and Cauliflower

分量：5人份

這份咖哩食譜的祕密，在於用柔滑細膩的植物奶和木薯粉混合而成的芡汁。它做出來的餐點滋味濃郁，又能讓你充滿活力。要是你想在平常吃的蔬食裡來點變化，這道菜再合適不過了。建議不妨將這種咖哩加在你事先煮好的飯上，再端上餐桌享用。

備料時間：5分鐘　烹調時間：20分鐘

材料：

橄欖油1茶匙（若希望做出來的餐點不含油，拌炒時可選擇用3~4湯匙的蔬菜高湯或水）

花椰菜的花球1/2顆（切成小花，分量大約4杯）

蒜粉3茶匙（烹調過程中在不同步驟分別添加）

咖哩粉3茶匙（烹調過程中在不同步驟分別添加）

細磨海鹽1又1/2茶匙（烹調過程中在不同步驟分別添加）

薑1茶匙

紅椒粉1茶匙（烹調過程中在不同步驟分別添加）

蘆筍一把（切段，每段長度為2.5公分，分量約為3杯。）

15盎司（約425公克）的罐裝鷹嘴豆1罐（瀝乾）

不加糖或甜味劑的植物奶1杯（本食譜使用腰果奶。不過如此一來，這道餐點就不再不含堅果）

木薯澱粉或木薯粉1湯匙

青蔥切碎1/3杯

1. 先在大型平底鍋加進橄欖油或蔬菜高湯，以中火或大火加熱。之後添加花椰菜，並以2茶匙蒜粉、2茶匙咖哩粉、1茶匙海鹽、薑，以及3/4茶匙的紅椒粉調味，再攪拌食材，好讓調味料都能裹在花椰菜上。接著炒7~8分鐘左右，炒到花椰菜開始變軟，仍需偶爾攪拌。倘若你炒花椰菜並非使用不沾鍋，這時候可能會有某些調味料黏在鍋底。這些調味料可以在步驟4輕易刮落。

2. 接著將鍋裡的花椰菜移到鍋子邊緣，再將蘆筍放進鍋子中央，並以1茶匙蒜粉、1茶匙咖哩粉、1/2茶匙海鹽，以及1/4茶匙紅椒粉調味。然後拌炒約7~8分鐘，炒到蘆筍變軟。

3. 之後混合花椰菜與蘆筍，再將它們移到鍋子邊緣，並在鍋子中央放入鷹嘴豆炒大約3分鐘，讓鷹嘴豆炒得溫熱。

4. 在小碗中將植物奶和木薯澱粉攪打均勻，做成勾芡醬汁。然後拌勻鍋裡的花椰菜、蘆筍和鷹嘴豆，並將上述食材移至鍋子邊緣，再將勾芡醬汁加進鍋子中央，攪拌約1分鐘，讓醬汁開始變得濃稠。要是你做這道餐點時，並非使用不沾鍋，這時候不妨輕刮鍋底，藉此刮落烹調過程中黏在鍋底的調味料。等醬汁開始變得濃稠大約2~3分鐘，就把醬汁混入鍋

子邊緣的蔬菜裡。之後保留一些青蔥，用來裝飾餐點，並將其餘青蔥拌入餐點即可上桌。要是想將這道料理加在飯上，就先把它加在飯上，再端上餐桌。吃剩的餐點放進密封容器，置於冰箱可保存2~3天。要加熱餐點時，必須以小火加熱8~10分鐘，過程中須不時攪拌。

蕎麥波隆那肉醬 Buckwheat Bolognese

分量：6人份

傳統波隆那肉醬是以牛絞肉或豬絞肉來為紅醬醬底增添風味。蕎麥既能賦予食物鮮味，又能讓醬料擁有豐富口感，所以做這種富有營養的蔬食波隆那肉醬時，我會以蕎麥作為食材。不妨將它加在義大利麵或櫛瓜麵上，再端上餐桌享用。

備料時間：10分鐘　烹調時間：25分鐘

材料：

橄欖油1又1/2茶匙（烹調過程中在不同步驟分別添加。若希望做出來的餐點不含油，拌炒時可選擇用蔬菜高湯或水）

甜洋蔥切丁3/4杯（烹調過程中在不同步驟分別添加）

青椒切丁1/3杯

大蒜末1湯匙

細磨海鹽1/2茶匙（烹調過程中在不同步驟分別添加）

尚未烹煮的蕎麥粒1杯（沖洗後瀝乾）

蔬菜高湯2杯

15盎司（約425公克）的罐裝番茄醬汁兩罐

新鮮羅勒碎2湯匙

乾燥牛至3/4茶匙

蒜粉1/2茶匙

1. 先以中型湯鍋用中火加熱1茶匙橄欖油。隨後加進洋蔥1/2杯、青椒、大蒜，以及1/4茶匙海鹽。炒5分鐘左右，將洋蔥炒成半透明。

2. 在鍋裡添加蕎麥粒，攪拌1~2分鐘，讓部分蕎麥粒稍微變成褐色。接著加進蔬菜高湯，並在高湯煮沸後蓋上鍋蓋轉小火燉煮約10分鐘，讓蕎麥粒煮軟。然後不要掀開鍋蓋，並將鍋子靜置一旁。

3. 烹煮蕎麥粒期間，同時在大型平底鍋加入1/2茶匙橄欖油，以中火熱油。然後加入剩餘的洋蔥與海鹽炒3分鐘，炒到洋蔥呈半透明。

4. 接著拌入番茄醬汁，再添加羅勒、牛至與蒜粉攪拌混合後，把醬汁煮到即將沸騰的程度，而且必須定時攪拌。如此持續烹煮約10分鐘，過程中須不時攪拌。

5. 10分鐘過後，依希望的醬料濃度，在鍋裡摻入混合其他食材的蕎麥2~3杯。接著將煮好的醬料加在義大利麵或者櫛瓜麵上，即可上桌。吃剩的醬料放進冰箱，可保存3~5天。加熱時以小火加熱10~15分鐘，過程中須不時攪拌。

酪梨青醬櫛瓜麵 Avocado Pesto over Zoodles

分量：8人份

每當經歷漫長的一整天，需要找到一種既能滿足自己，又有益健康，同時還能飽餐一頓的方式，不妨依這份食譜，毫不費力地做好這道菜來當晚餐。在這道彈指間就能做好的餐點裡，嘗起來宛如奶油的酪梨滋味，會使新鮮香草植物的濃郁香味變得柔和。酪梨中的天然油脂也能使青醬緊緊扒附在櫛瓜麵上，是我最鍾情的義大利麵。

備料時間：5分鐘　烹調時間：無

材料：

熟成酪梨1大顆（須削皮後切片，分量約等於酪梨切碎1/2杯）

新鮮羅勒1杯（裝進量杯時，必須稍微壓得緊實一點）

松子1/2杯

檸檬汁2湯匙

蒜瓣1瓣（剁碎）

海鹽1/2茶匙（依個人口味適量添加）

細磨黑胡椒少許

中型櫛瓜3~4根

松子或純素帕馬森乳酪（用來作為配料。純素帕馬森乳酪食譜見本書第83頁）

1. 先做酪梨青醬。此時必須在食物調理機或高速調理機放入酪梨、羅勒、松子、檸檬汁、大蒜、海鹽與黑胡椒，先強力攪打數次切碎食材，再攪拌到食材質地變得柔滑細膩。之後嘗嘗製成的醬料味道。倘若需要調味，可依個人口味適量多加點檸檬汁、大蒜，或者是海鹽與黑胡椒。醬料做好後靜置一旁。

2. 接下來以螺旋刨切器將櫛瓜製成櫛瓜麵。做好的櫛瓜麵必須放在廚房紙巾上。如果有水分從櫛瓜裡滲出，廚房紙巾就能吸收。之後將櫛瓜麵放進大碗。

3. 若要以室溫享用這道餐點，此時為櫛瓜麵輕輕拌入醬料就能享用。要是希望端上桌的餐點溫溫熱熱，就在中型平底鍋加進櫛瓜麵與醬料，再以小火加熱約2~3分鐘。倘若想為餐點加上配料，準備上菜時，不妨在餐點上添加松子，或者是加點純素帕馬森乳酪。

祕訣： 本食譜製成的醬料，可搭配453.6公克（1磅）無麩質義大利麵一起享用。

俄羅斯酸奶蘑菇 Tangy Mushroom Stroganoff

分量：4人份

原始版的食譜是由十九世紀中葉的俄羅斯發展出來的。如今你只要努力半小時，就能享用滋味香濃的一餐，而且它和原版食譜一樣美味。況且做這道菜不需要肉，也用不到鮮奶油！

備料時間：10分鐘　烹調時間：20分鐘

材料：

腰果3/4杯（須先浸泡）

腰果奶或其他味道清淡的植物奶1杯

無麩質義大利麵225公克左右

橄欖油1茶匙

甜洋蔥1顆（切丁，分量約為1杯）

蒜末2湯匙

細磨海鹽3/4茶匙（烹調過程中在不同步驟分別添加）

雙孢蘑菇（cremini mushroom）225公克左右（洗淨後切成薄片，清洗蕈類的方式，見本書第201頁）

乾燥百里香1茶匙

白酒醋1/4杯

椰子氨基醬油或無麩質醬油2湯匙

黑胡椒少許（依個人口味適量添加）

備註

－浸泡腰果的相關技巧請見本書第17頁。

1. 先在果汁機放入腰果和腰果奶，強力攪打數次切碎腰果。接著以高速攪拌3~5分鐘，讓食材質地變得滑順，製成腰果奶油。攪拌食材的過程中務必定時暫停，才能刮淨調理杯內側。之後將果汁機靜置一旁，而且別掀開果汁機蓋子。

2. 依包裝上的說明煮好義大利麵靜置一旁。

3. 以中大型平底鍋用以中火加熱橄欖油。之後添加洋蔥、大蒜和1/4茶匙鹽，炒3~5分鐘，讓洋蔥轉為半透明。接著將洋蔥與大蒜推到鍋子邊緣，並在鍋子中央放上切片蘑菇與百里香，炒5分鐘左右，讓蘑菇稍微炒成褐色。混合蘑菇與洋蔥和大蒜，再多炒1分鐘

4. 在鍋裡加進白酒醋、椰子氨基醬油，以及剩餘的鹽，和少許黑胡椒。之後攪拌混合食材，再以大火炒5分鐘，過程中必須頻繁拌炒，才能濃縮鍋子裡的流質食材。

5. 之後將火力調降為中火，同時加進腰果奶油，攪拌至所有食材均勻混合。接著煮大約4~5分鐘，讓奶油變得濃稠，而且過程中必須頻繁攪拌。要是這時鍋裡的奶油醬料太過濃稠，不妨加點腰果奶，一次加1湯匙，且過程中須攪拌。此時添加的腰果奶分量，合計不能超過3湯匙。

6. 先嚐嚐味道，可以再加點鹽或黑胡椒調味。然後將做好的俄羅斯酸奶蘑菇加在義大利麵上，就立即端上餐桌。要是有吃剩的俄羅斯酸奶蘑菇，放進密封容器置於冰箱可保存2~3天。要重新加熱時，只要放在爐上以中小火加熱。倘若要讓醬料變稀，就加點腰果奶。

波特菇排佐番茄酸豆醬 Portobello Steak with Tomato-Caper Sauce

分量：4人份

有時當你很餓的時候，你會想好好飽餐一頓，此時就很適合吃要用刀叉的餐點。這些波特菇排不僅有令人滿意的嚼勁，同時也是一道軟到入口即化的主菜。波特菇上所淋的番茄醬汁，還特別加了酸豆、大蒜和橄欖。這些重要配料會讓這道餐點嚐起來非常扎實又富有營養。

備料時間：10分鐘　烹調時間：20分鐘

材料：

紅酒醋1/4杯

椰子氨基醬油或無麩質醬油2湯匙（如果沒打算做不含大豆的餐點，就能選擇添加這項食材）

芥末醬1湯匙

蒜粉1/2茶匙

洋蔥粉1/2茶匙

海鹽1/2茶匙

波特菇4朵（去柄，也必須去除菌褶，而且要擦洗乾淨）

橄欖油2茶匙（若希望做出來的餐點不含油，拌炒時可選擇用蔬菜高湯或水）

蒜末2湯匙

極品酸豆²2湯匙

切片的橄欖1/2杯

15盎司（約425公克）的罐裝番茄醬汁1罐

海鹽與黑胡椒（依個人口味適量添加）

新鮮香芹（如果想裝飾餐點，可用來作為裝飾）

備註

－波特菇必須在下廚前1小時醃漬。這裡標示的備料時間，不包含醃漬波特菇所需時間。

1. 先在小碗中將紅酒醋、椰子氨基醬油、芥末醬、蒜粉、洋蔥粉與海鹽攪打均勻，製成醃料。

2. 在密封夾鏈袋裡放入醃料，再放進波特菇，而且放洋菇時，必須一次放1朵。之後密封夾鏈袋開始搖晃，讓菇徹底裹上醃料。然後將波特菇從上而下放進玻璃烤盤，再從袋子裡倒出剩餘醃料覆蓋波特菇。隨後將烤盤放進冰箱，醃漬1小時。

3. 用中等大小或大型平底鍋，以中大火加熱1茶匙橄欖油，再放入蒜末與酸豆，炒4~5分鐘，將大蒜炒成金褐色。接著以大型鍋鏟輕輕攪拌，並在加進切片橄欖後拌炒1分鐘。之後添加番茄醬汁，以鍋鏟輕輕攪拌，再用小火繼續燉煮15分鐘，煮成番茄酸豆醬，而且燉煮期間仍需定時攪拌。然後讓鍋子離火，將做好的番茄酸豆醬靜置一旁。

4. 燉煮食材期間，同時烹煮波特菇。此時須先從醃料中取出波特菇放在盤子上，而且菌蓋表面必須朝下，再以海鹽與黑胡椒調味。

如何
洗淨蕈類

對於應如何洗淨蕈類有些爭論。有些人表示自己從來不用水清洗蕈類，而是以廚房紙巾擦淨。另一派人希望能將蕈類上的髒污和有害雜質都降到最低，我就是屬於這一派。所以你可以在碗裡放進6杯水，和1/3杯蒸餾白醋溶液，將蕈類稍微浸在碗裡，但不是長時間浸泡。當蕈類浸入碗中，就可以動手摩擦蕈類，藉此除去蕈類上的髒污。接著再沖洗蕈類，並以廚房紙巾擦乾。如此一來，蕈類就不會洗得爛糊，上面也不會有不乾淨的東西——我希望是這樣。

5. 接著在中等大小或大型平底鍋加進1茶匙橄欖油，或者是加幾湯匙剩餘醃料，以中大火加熱。當橄欖油或醃料燒熱，就立即將波特菇放進鍋裡，而且菌蓋表面必須朝上。然後以海鹽與黑胡椒為波特菇菌蓋表面調味。接下來每一面煮3~4分鐘（如果你用的菇較大，就要煮比較久），此時洋菇應該已經煮成漂亮的褐色，也應該已經煮軟。如果不用平底鍋煮，也可以放在烤架上，以中火烘烤。烘烤波特菇需要的時間，應該和烹煮所用的時間相同。

6. 之後用鉗子從鍋裡取出波特菇排。要是菇裡滲出湯汁就倒掉。隨後將煮好的波特菇排放在盤子上，再舀起番茄酸豆醬放在上面作為配料。要是想為波特菇排加上新鮮香芹，這時也可以撒上。然後就立即將餐點端上餐桌。

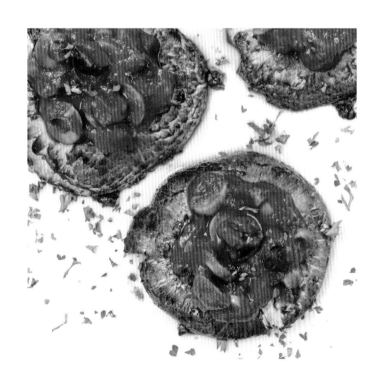

2 譯註：此處原文為「nonpareil caper」。由於比較小的酸豆質地結實，滋味濃郁，所以品嚐酸豆時，以小粒為佳。「nonpareil caper」指最小的酸豆。

義式麵豆湯 Pasta e Fagioli

分量：6人份

儘管這道餐點的義大利文名稱直譯為「義大利麵與豆類」，卻是能撫慰人心的典型義式湯品。加了馬鈴薯後，你就能在最冷的日子裡享用一道溫暖的料理。這道菜變化很多，可以呈現像湯一樣的質地，也能做成濃厚且料多到幾乎能用叉子來吃的燉湯。在我設計的版本裡，主要還是以馬鈴薯和豆類為基底。不過湯還是夠濃，足以讓你想拿起湯匙吃到一滴不剩為止。

備料時間：5分鐘　烹調時間：40分鐘

材料：

橄欖油1茶匙（要是希望做出來的餐點不含油，拌炒時可選擇用蔬菜高湯或水）

中型甜洋蔥1顆（須切丁，分量約為1杯）

胡蘿蔔2根（削皮後切丁）

西洋芹莖1根（切丁）

蒜末2湯匙

細磨海鹽3/4茶匙（烹調過程中在不同步驟分別添加）

紅辣椒片1/8茶匙（加或不加均可）

中型馬鈴薯1顆（削皮後切丁，分量約為1杯）

摻有碎番茄的番茄泥850公克左右，或者是番茄醬汁425公克加番茄丁425公克

蔬菜高湯1杯

15盎司（約425公克）的罐裝北美白腰豆1罐（沖洗後瀝乾。也可用其他味道清淡的白腰豆來取代這項食材）

1. 先以附蓋雙耳湯鍋或者是鑄鐵鍋，用中火加熱1茶匙橄欖油。然後加入洋蔥、胡蘿蔔、西洋芹、大蒜、1/4茶匙海鹽，（如果想加紅辣椒片，此時也可以加進鍋裡）炒5分鐘左右，將洋蔥炒成半透明。接著添加馬鈴薯，並在拌勻鍋中食材後多炒3~5分鐘。

2. 接下來加進番茄、蔬菜高湯、白腰豆、牛至與百里香，並依個人口味適量添加剩餘的海鹽與黑胡椒。之後攪拌並煮沸食材，同時在調降火力後蓋上鍋蓋，以小火燉煮約10分鐘，或者是煮到馬鈴薯變軟。

3. 在鍋裡添加義大利麵攪拌混合，煮十五到20分鐘，讓義大利麵和馬鈴薯都能煮軟。要是希望做出來的餐點湯汁較稀，此時不妨多加1/4杯蔬菜高湯。然後以勺子將餐點舀入碗中，就能立即端上餐桌。做好的餐點放進密封容器，置於冰箱可保存3~5天。吃剩的餐點可以用小火加熱。要是希望冷藏後的餐點湯汁稀一點，加熱時不妨以湯匙添加水或蔬菜高湯。

乾燥牛至1茶匙

乾燥百里香3/4茶匙

黑胡椒（依個人口味適量添加）

尚未烹煮的無麩質義大利麵1杯
（我用糙米螺旋麵）

來 點 變 化

餐點裡加馬鈴薯，或是手邊沒有馬鈴薯嗎？不妨在食材裡
額外加上罐裝豆類1罐，取代食譜中的馬鈴薯。

青花菜蘆筍蘋果燉飯 Broccoli Asparagus Apple Risotto

分量：4人份

這道燉飯質地柔滑細膩，而且每一口囊括的大量風味，都微妙得宛如葡萄酒錯綜複雜的香調，它的滋味與口感絕對會討人喜歡。無論將它作為款待賓客的晚餐，或是在沙發上配著你喜愛的電影吃光一碗，都很過癮。

備料時間：10分鐘　烹調時間：40分鐘

材料：

橄欖油1茶匙（若希望做出來的燉飯不含油，拌炒時可選擇用蔬菜高湯或水）

韭蔥1杯（只用蔥白的部分，切成半月形薄片，每片寬度為0.3公分）

修整後切成每塊2.5公分的青花筍（broccolini）或幼嫩的青花菜2杯

乾燥百里香1茶匙

細磨海鹽1/2茶匙（烹調過程中在不同步驟分別添加）

粗磨黑胡椒1/4茶匙

蒜粉1/8茶匙

蘋果1顆（削皮去核後切丁）

阿勃瑞歐米[3]1杯

蔬菜高湯4杯

1. 先在中大型平底鍋加進橄欖油，將它放在中型爐火上，添加韭蔥、蘆筍、青花菜、百里香、1/4茶匙海鹽、黑胡椒，以及蒜粉炒4~5分鐘。從鍋裡取出蔬菜之後平鋪靜置。由於蔬菜離開鍋子會持續變熟，所以取出的蔬菜應該要依舊鮮綠，咀嚼時也仍會發出清脆聲響。

2. 在鍋裡添加蘋果，並以剩餘1/4茶匙海鹽調味。之後炒10分鐘左右，將蘋果炒成金黃色而且變軟。

3. 隨後在平底鍋加進阿勃瑞歐米，和鍋裡的蘋果混合，再持續攪拌約5分鐘，讓米開始轉為半透明。接著加1杯蔬菜高湯，持續攪拌到米完全吸收湯汁。然後加進另1杯剩餘的蔬菜高湯，並藉由攪拌讓米完全吸收高湯，之後再添加下1杯蔬菜高湯。

4. 等蔬菜高湯全都加進鍋裡，鍋裡的米也已經完全吸收所有高湯，就立即把蔬菜放回鍋裡輕輕攪拌，讓所有食材均勻混合。之後調降火力，以中小火持續輕輕拌炒約1~2分鐘，讓蔬菜變得溫熱。隨後嚐嚐味道。若希望調整滋味，此時可用海鹽與黑胡椒為餐點調味。接著立即將餐點端上餐桌。

3 譯註：阿勃瑞歐米（Arborio rice）是一種義大利米，常用於烹煮燉飯。

蔬食潛艇堡 Veggie Subs

分量：4人份

有時候就是會想吃那種大型潛艇堡。我在轉蔬食之前也會有這種渴望，然而年復一年，我注意到如今販售潛艇堡的店家，不但爲加的蔬菜愈來愈多，而且潛艇堡裡的肉也比過去少。那些店家先把萬苣、番茄、洋蔥、醃漬蔬菜、甜椒，以及橄欖都加進潛艇堡裡，再過不久後，蔬菜在潛艇堡中應該會占百分之九十五，況且爲潛艇堡去除肉類，對它的滋味也沒有絲毫影響。既然在能夠撫慰人心的食物裡，潛艇堡依舊是我特別喜愛的餐點之一，每當很想大快朵頤時，我就會依這份特製食譜馬上做一份來吃。

備料時間：5分鐘　烹調時間：10分鐘

材料：

橄欖油1茶匙（若希望做出來的餐點不含油，拌炒時可選擇用蔬菜高湯或水）

填塞櫻桃辣椒的青橄欖1/2杯（須切碎，分量約等於中型橄欖12顆）

青蔥2支（須切碎，分量約爲1/3杯。）

蒜末1湯匙到1又1/2湯匙

酸豆1.5~2茶匙（約25顆）

中型青花筍莖，或幼嫩青花菜的莖4根（必須修整後將花的部分切成塊，每塊大小爲2.5公分）

青椒、黃椒、橙椒，或者是紅椒切碎1又1/4杯

刨削爲薄片的胡蘿蔔1杯

乾燥百里香8又1/2茶匙（依個人口味適量添加）

鹽與胡椒（依個人口味適量添加）

無麩質潛艇堡麵包、做成潛艇堡的圓麵包，或者是凱薩麵包[4]4個，也可用法式長棍麵包4條

1. 在中大型平底鍋裡用中火加熱1茶匙橄欖油。之後炒橄欖、青蔥、大蒜和酸豆約3分鐘，讓食材都飄出香味。接著將上述食材推到鍋子邊緣，並在鍋子中間加進青花筍，炒3分鐘左右。

2. 在鍋裡加進甜椒、胡蘿蔔、百里香、鹽與胡椒，炒大約2分鐘後，將上述食材也輕輕推到鍋子邊緣，使它們緩緩陷入鍋子邊緣原有的食材裡。要是想額外爲食材調味，此時也可多加些調味料。

3. 想搭配麵包的話，接下來就烘烤麵包。之後爲麵包塗上蔬食美乃滋、田園沙拉醬，或者是搗碎的成熟酪梨。隨後將蔬菜放在圓麵包上，即可上桌。

4 譯註：凱薩麵包（Kaiser roll）是一種源自奧地利（Austria）的圓麵包。麵包表面壓紋看起來有點像皇冠。

蔬食美乃滋

田園沙拉醬（食譜見本書第73頁）

熟成的酪梨搗碎

祕訣：若找不到青花筍或幼嫩的青花菜，用已經成熟或比較大的青花菜莖也行得通。只是如此一來，就得先為青花菜莖削去老皮，青花菜莖才會變得較軟。

辣椒燉湯 Go Bold or Go Home Chili

分量：6人份

有種祕密食材會使這種燉湯裡的辣椒嚐起來像一般辣椒，它就是小扁豆——而且你所用的小扁豆還會爆炸喔。我這麼說，是因為如果你煮小扁豆煮得太過頭，它除了會爆裂，還會變軟，此時還會像勾芡一樣使燉湯變得濃稠。由於小扁豆能用來勾芡，加上食材裡的多汁番茄丁在餐點中所取得的平衡，創造出來的辣椒味如此濃郁，簡直如假包換，以致前來府上做客的雜食者，還不知道這道餐點不含肉類，就會先吃下半碗。

備料時間：10分鐘　烹調時間：55分鐘

材料：

乾燥的紅色小扁豆1杯（須沖洗）

中型洋蔥1顆（切丁）

中型青椒1顆（切丁，分量是1/2杯左右。

西洋芹切丁1/3杯

蒜末一到2湯匙

細磨海鹽1又1/2茶匙（烹調過程中在不同步驟分別添加）

辣椒粉3湯匙

孜然2茶匙

紅椒粉1茶匙

細磨黑胡椒1/2茶匙

紅辣椒片少許（加或不加均可）

28盎司（約795公克）罐裝番茄丁1罐

15盎司（約425公克）罐裝紅色豆類或紅腰豆1罐（沖洗後瀝乾）

備註

—相對於綠色小扁豆或褐色小扁豆，紅色小扁豆比較嬌嫩。所以要煮紅色小扁豆時，通常會以極小的火來燉煮。以這份食譜而論，我用小火燉煮小扁豆時，會靈活調整火力強弱。如此一來，不僅能煮裂紅色小扁豆的脆弱外皮，還會使小扁豆能為湯汁勾芡的成分釋放出來。對於這道辣椒燉湯來說，這麼做除了能讓紅色小扁豆產生的作用像勾芡，也會為餐點增添口感。

1. 將乾燥小扁豆放進蔬果瀝水籃，以冷水沖洗。接著將小扁豆移至附蓋長柄湯鍋，在鍋裡加進3杯濾過的水，蓋上鍋蓋煮到沸騰。之後掀開鍋蓋調降火力，以中小火燉煮約20~25分鐘，或者是煮到小扁豆吸收鍋裡的水而且變軟。此時小扁豆不僅應該已經煮得相當軟，鍋裡的小扁豆看起來也幾乎像是濃稠的燉湯。

2. 小扁豆即將煮好之前，將湯鍋放上爐子以中大火加熱。之後添加洋蔥、青椒、西洋芹、大蒜，以及1/4茶匙鹽，炒5分鐘左右，讓洋蔥炒成半透明。既然加進鍋裡的鹽有助於蔬菜出水，這個步驟炒蔬菜時，就不需要在鍋裡加油，也不需要額外加水。

3.隨後加進1/4杯的水攪拌，將鍋子裡的剩餘食材做成鍋底醬。接著添加小扁豆，並在攪拌混合鍋底醬後加入辣椒粉、孜然、剩餘的鹽，以及紅椒粉和黑胡椒。要是想加紅辣椒片，此時也可以和其餘調味料一起加進鍋裡。然後混合調味料與鍋中食材，煮1~2分鐘。

4.接下來加進番茄丁、番茄汁與豆類，攪拌後調降火力，以小火燉煮約30分鐘，而且燉煮期間仍需偶爾攪拌。30分鐘過後，先確認餐點滋味，並依個人口味適度調整味道，就立即端上餐桌。要是希望做出來的燉湯更濃稠，只要燉煮更久，就能做出滋味更加濃郁，質地也更為濃稠的濃縮辣椒燉湯。

5.做好的餐點放進密封容器，置於冰箱可保存5~7天。要加熱餐點時，必須以中小火加熱。若要讓餐點質地變稀，不妨在其中加點水，但必須一次加1湯匙。

素蟹肉餅 Crabless Cakes

分量：8塊

我從小在美國馬里蘭州長大。我猜我家鄉最爲人熟知的特色菜餚無疑就是蟹肉餅了。這種柔軟的海鮮肉餅先以鍋子油煎，再以獨特的混合香料調味，而這種混合香料，就是大家稱爲「老灣」⁵的海鮮調味粉。這種蟹肉餅滋味妙不可言，無論滋味還是口感，都堪稱美國東岸最令人垂涎三尺的餐點之一。不過和原來的蟹肉餅相較，我用撕開的棕櫚心取代蟹肉，無論在外觀、口感、滋味，以及內餡是否軟得像含有奶油的程度上，都更爲出色。況且和油煎肉餅相比，我設計的蟹肉餅是用烤的，比原始的蟹肉餅更健康。

備料時間：10分鐘　烹調時間：18分鐘

材料：

14~15盎司的罐裝棕櫚心一罐（沖洗後瀝乾）

純素美乃滋1/4杯

老灣海鮮調味粉或其他品牌海鮮調味粉1茶匙

事先做好的芥末醬1茶匙

椰子氨基醬油或純素伍斯特醬1/2茶匙

細磨海鹽1/2茶匙

現磨粗粒黑胡椒1/8茶匙

青蔥細細切碎1/4杯（分量約爲青蔥一支）

無麩質麵包粉或很細的麵包屑1/2杯（烹調過程中在不同步驟分別添加）

雞尾酒醬⁶

1. 烤箱先預熱至攝氏200度，並爲金屬烤盤鋪上烤盤紙。

2. 以縱向將棕櫚心切成薄片，再切成塊狀，每塊大小爲1.9公分。然後用手指將比較大的塊狀棕櫚心輕輕拉成絲狀。

3. 在中型碗裡加進美乃滋、老灣海鮮調味粉、芥末醬、椰子氨基醬油、海鹽與黑胡椒，攪打至充分混合。之後摻入棕櫚心和青蔥攪拌混勻。

4. 在已經混合其他食材的棕櫚心加進1/3杯麵包屑輕輕混合，再做成8個肉餅，每個肉餅用2湯匙混合食材。

5. 將剩餘的麵包屑放進小碟子，再將做好的肉餅放入碟子，爲肉餅兩面都覆上麵包屑。之後輕輕按壓，讓麵包屑能緊緊黏附在肉餅上。隨後將肉餅放上金屬烤盤，而且肉餅間距必須均等。

5 譯註：老灣（Old Bay）海鮮調味粉是由美國味好美公司（McCormick & Company）研發生產的調味料，其中混合芹鹽（celery salt）、黑胡椒、紅辣椒碎片，以及紅椒粉。

6 譯註：雞尾酒醬（cocktail sauce）是以番茄醬或辣椒醬（chili sauce）混合辣根醬作爲主要食材，再添加檸檬汁、伍斯特醬，以及塔巴斯科辣椒醬（Tabasco sauce）製成的醬料，常用來爲海鮮餐點調味。

6.烤18分鐘，烤到肉餅呈淡淡的金褐色，烤13分鐘時翻面一次。接著從烤箱取出肉餅，搭配偏好的雞尾酒醬，即可上桌。吃剩的肉餅可冷藏保存2~3天。

第十章

餐後甜點和甜食

鷹嘴豆巧克力棒 Chocolate Chickpea Bark

分量：10~12根

這道醉人的甜點不僅甜中帶鹹，吃起來還鬆軟酥脆，無論是滋味還是口感都能帶給人全方位的體驗。要是你採行無麩質飲食後，對於得放棄巧克力椒鹽卷餅深感痛惜，那麼這種點心會讓你愉悅無比。多虧食材中的鷹嘴豆，其中的植物性蛋白質對你很有益處。打從咬下它的第一口起，不止小朋友會深深受它吸引，成年人也會喜愛！我們家做這種點心時製作分量通常都會加倍。

備料時間：10分鐘　烹調時間：40分鐘

材料：

15盎司（約**425**公克）的罐裝鷹嘴豆1罐（洗淨後瀝乾）

橄欖油1湯匙

細磨海鹽1/4茶匙

純素半甜巧克力片1杯

備註

－端上點心前，必須放進冰箱2~3小時。

1. 烤箱先預熱至攝氏200度左右，並為金屬烤盤鋪上烤盤紙。

2. 將鷹嘴豆倒入蔬果瀝水籃，以冷水沖洗。之後抖落多餘水分，再將鷹嘴豆散置在茶巾上，然後用茶巾以畫圓的方式輕輕摩擦。此時要是有鷹嘴豆皮脫落，就棄置不要

3. 將鷹嘴豆放在金屬烤盤上晾乾，而且必須乾到摸起來是風乾過的程度。這是由於為鷹嘴豆裹上油脂前，必須使鷹嘴豆完全乾燥很重要，否則接下來烤鷹嘴豆時，它不會烤得鬆脆。如果想縮短晾乾鷹嘴豆這段過程，不妨在烤箱預熱期間，同時將金屬烤盤放進烤箱，讓殘留在鷹嘴豆上的水分藉此蒸發。

4. 等鷹嘴豆變乾，就立即在小型攪拌碗放進鷹嘴豆與橄欖油，再以木匙輕輕攪拌，讓鷹嘴豆都能裹上橄欖油。之後以鹽調味，再輕輕混合所有食材。隨後將鷹嘴豆放回鋪了烤盤紙的金屬烤盤，再放進烤箱烤大約40分鐘，過程中每10~15分鐘，就得從烤箱取出烤盤，以畫圓的方式搖晃，藉以確保鷹嘴豆都能均勻烘烤。當鷹嘴豆烤成不深不淺的褐色，嚐起來也酥酥脆脆，就從烤箱取出烤盤，放在烘培冷卻架上約5~10分鐘。

5.用小型湯鍋開小火融化巧克力片,而且融化巧克力的過程中必須偶爾攪拌。如果不以
這種方式融化巧克力片,也可以將它放入可微波玻璃碗,再用微波爐以中火力每次加
熱30秒,並在每次加熱後攪拌食材。加熱後的巧克力應該已經完全融化,而且用湯匙
舀起巧克力時會從湯匙末端滴落。

6.烤盤鋪上一張新的烤盤紙,再將已融化的巧克力片倒進小型攪拌碗。趁鷹嘴豆還是熱
的時候,加進碗裡用木匙攪拌,使之均勻裹上融化的巧克力片。接著將碗中食材倒在
金屬烤盤上,依你希望製成的巧克力棒厚度,用抹刀讓食材勻整延展開來。食材厚度
在0.6~1.3公分左右時,最容易切割爲一塊塊巧克力棒。之後將烤盤放進冰箱2~3小時
左右,讓巧克力變硬。從冰箱取出烤盤後,以鋒利刀具切開巧克力,或者是讓它碎裂
爲大小不一的巧克力塊。做好的點心放進密封容器,存放在室溫下或冰箱裡最多可保
存1週。

純鳳梨可樂達棒 Pure Piña Colada Bars

分量：16份

想前往熱帶天堂來段小旅行嗎？這些混合鳳梨與椰子的棒狀點心，會讓你覺得自己彷彿腳踏著海灘上的沙。這種點心是我特別喜愛的棒狀甜點之一，它會為多雨的日子帶來一縷陽光。很適合用大淺盤裝著吃，和朋友一同享用。

備料時間：20分鐘　烹調時間：35分鐘

材料：

金黃亞麻籽粉3湯匙

不加糖或甜味劑的植物奶1/2杯（此處使用不加糖或甜味劑的腰果奶）

粗杏仁粉1杯

椰子粉1/2杯

椰糖1/3杯

細磨海鹽1/4茶匙

椰子油1/3杯（須先融化）

香草精2茶匙

鳳梨切碎1又3/4杯（必須瀝乾後在烹調過程中不同步驟分別添加）

椰子醬1/2杯（食譜見本書第21頁）

椰糖2湯匙

香草精1/4茶匙

椰片1/4杯

1. 烤箱先預熱至攝氏180度左右，並以胡桃油、椰子油，或者是葡萄籽油，稍微塗抹烤盤。如果不為烤盤抹油，也可以為它鋪上烤盤紙。然後靜置一旁。

2. 在小碗中拌勻金黃亞麻籽粉和植物奶，之後靜置一旁。

3. 在中型碗裡混合粗杏仁粉、椰子粉、1/3杯椰糖與海鹽。

4. 在已經混合植物奶的金黃亞麻籽粉裡，添加椰子油和2茶匙香草精。然後將液體食材加進乾燥食材，再以湯匙、叉子，或者是奶油切刀充分混勻。碗裡的食材混合後，會形成像全麥餅乾派皮那樣的餅皮。

5. 在食物調理機放入已經切碎的鳳梨（但需保留1/4杯）和椰子醬（要是椰子醬已經變成液體，須先攪拌再測量椰子醬的分量）一起拌勻。接著加進椰糖2湯匙與香草精，並在所有食材混合後靜置一旁。

備註

－可以用罐裝鳳梨取代新鮮鳳梨，但使用時必須確定罐頭裡的果汁已經完全瀝乾。

－測量無麩質穀粉時所用的技巧，請見本書第12頁。

6.在已經塗抹油脂的烤盤上先放上餅皮，而且必須壓得密實勻整。然後將配料倒在餅皮上，讓它均勻延展開來。接著在配料上撒上剩餘的鳳梨塊和椰片，烤35分鐘左右，讓食材中央烤得摸起來稍微有點硬。之後從烤箱取出烤盤。在切割烤好的點心之前，須先讓它冷卻約1小時。這種棒狀點心冰鎮後端上餐桌，吃起來最令人滿意。做好的點心放進密封容器，置於冰箱最多可保存1週。

祕訣：端上點心前，我喜歡在上面放一團簡易椰奶打發鮮奶油（食譜見本書第78頁）。

蔓越莓棒 Fresh Cranberry Crumb Bars

分量：16份

晚秋或初冬向來是蔓越莓的產季，而我會平日就會做這種點心，正值夏日時分，市面上不可能買到蔓越莓，於是最初研發這份食譜之後，每當假期間能買到蔓越莓，我就會在冷凍櫃儲存很多包蔓越莓。這種點心在兩層宛如含有奶油的餅皮中，有水果餡料棲身其間。小朋友放學回家時，很適合用它來款待孩子。爲了讓假日餐桌上也能有這種甜點，建議烘烤時不妨多烤一盤。

備料時間：30分鐘　烹調時間：30分鐘

材料：

粗杏仁粉1杯

無麩質燕麥粉1杯

棗糖或椰糖1/3杯

細磨海鹽1/4茶匙

胡桃油或融化的椰子油3湯匙

不加糖或甜味劑的植物奶2湯匙（本食譜使用腰果奶）

香草精1茶匙

新鮮蔓越莓1又1/2杯（可用冷凍蔓越莓代替）

熟透的香蕉3/4杯（分量大約等於新鮮或冷凍的大香蕉1根）

椰糖1/2杯

純素奶油1湯匙

黃原膠（xanthan gum）1/4茶匙到1/2茶匙

香草精1/4茶匙

1. 烤箱先預熱至攝氏180度左右，並以胡桃油、椰子油，或者是葡萄籽油，稍微塗抹烤盤。要是不抹油就爲它鋪上烤盤紙。

2. 在中大型的碗裡添加粗杏仁粉、無麩質燕麥粉、棗糖與海鹽，以湯匙充分混合。接下來在小碗中加進胡桃油、植物奶和1湯匙香草精徹底混合。然後將液體食材倒入乾燥食材，以湯匙充分攪拌製成麵團。此時形成的麵團，可以用來做1塊卵石大小的小餅皮。

3. 保留2/3杯左右的麵團，準備之後撒在餅皮上。剩餘的麵團則放進烤盤，壓得均勻密實製成餅皮，靜置一旁備用。

4. 接著清洗蔓越莓，並吸乾蔓越莓上的水分，再將它們與香蕉一起放進食物調理機或高速調理機，攪拌成質地滑順的果泥，儘管此時果泥裡會有蔓越莓籽留在其中。之後將混合蔓越莓與香蕉的果泥倒進小湯鍋以中火加熱。當鍋裡開始冒泡泡，就添加椰糖與奶油，再以手持式不鏽鋼攪拌器攪拌，而且要以

邊煮邊攪的方式多煮2~3分鐘。隨後加進黃原膠充分攪打（我用1/4茶匙黃原膠，所以製成的餡料不會很黏。但你可以根據自己的喜好調整黃原膠用量）。之後讓鍋子離火，再拌入1/4茶匙香草精。

5.將已經混合香蕉的蔓越莓果泥倒在烤盤裡的餅皮上，再用抹刀讓果泥均勻延展開來。然後將先前保留的麵團撒在果泥上輕拍，好讓麵團碎片都能混入其中。之後將烤盤放在烤箱裡的烤架中央，烤大約30分鐘。

6.烘烤結束時，就從烤箱裡取出烤盤，放在烘培冷卻架上45分鐘左右。為了使做出來的棒狀點心定型，點心端上桌前先放進冰箱比較好。做好的點心冰鎮後就能切成棒狀，端上餐桌享用。

酪梨餅 Fudgy Avocado Cookies

分量：12塊（每塊直徑約為5公分）

布朗尼不僅耐嚼，又有濃郁的巧克力味，而它的一切優點，都裹在這種餅乾輕巧酥脆的外殼裡。我家烤這種餅乾，通常都不會吃到隔天。我們現在就來揭開它為何嚐不到酪梨味的祕訣吧！話雖如此，無論如何，都請務必確定你用的酪梨已經熟成。哈斯酪梨的油脂和乳脂含量都最充分，水分含量也最低，可以的話，用哈斯酪梨會比其他酪梨來得好。

備料時間：10分鐘　烹調時間：9分鐘

材料：

熟透的哈斯酪梨1/2顆（削皮後切大塊）

椰糖1/2杯

無糖可可粉2湯匙

香草精2茶匙

蘋果醋1茶匙

細磨海鹽1/2茶匙

小蘇打1/2茶匙

粗杏仁粉1/2杯

葛鬱金粉1/4杯

無麩質燕麥粉1/4杯

純素黑巧克力或純素巧克力片切碎1/2杯

備註

－測量無麩質穀粉時所用的技巧，請見本書第12頁。

1. 烤箱先預熱至攝氏180度左右，並為金屬烤盤鋪上烤盤紙。

2. 在食物調理機放進酪梨，並加進椰糖攪拌約2分鐘，讓食材質地變得滑順，而且攪拌1分鐘後，務必刮淨調理杯內側，才能確保調理杯裡的所有酪梨塊都能充分攪拌。倘若沒有食物調理機，在所有的攪拌步驟中，也可以用中型攪拌碗和手持式攪拌器取代它。

3. 在混合椰糖的酪梨中添加可可粉、香草精、蘋果醋、海鹽和小蘇打，攪拌約1分鐘，讓食材質地變得滑順。

4. 在上述混合食材裡加進粗杏仁粉、葛鬱金粉，以及無麩質燕麥粉，攪拌約1分鐘，讓食材質地變得光滑，製成麵團。

5.如果用食物調理機處理食材，接下來就將做好的麵團放進碗裡，再加進切碎的巧克力塊，以湯匙輕輕攪拌。隨後舀起1湯匙麵團揉成球狀，放在金屬烤盤上壓平，讓它變成直徑約5公分、厚度爲1.3公分左右的餅乾狀。要是希望烤出來的餅乾樣貌比較質樸，那麼就別壓平麵團，而是讓麵團上帶有細小尖突，再送進烤箱烘烤。若希望做出來的餅乾表面平滑，烘烤前不妨先將指尖浸入冷水，再用指尖撫平麵團表面。之後烤9分鐘。從烤箱取出餅乾後，先讓它們在烤盤上冷卻2分鐘，才能將烤盤放在烘培冷卻架上，讓餅乾繼續冷卻。一盤烤好的餅乾大約有12塊。倘若不做這種尺寸的餅乾，也可以將烘烤時間增加爲11分鐘，做出每塊爲7.6公分的6大塊餅乾。

祕訣：挑選酪梨：如果可能的話，做這種餅乾和奶油酪梨牛奶糖時（食譜見本書第230頁），建議用哈斯酪梨作爲食材，做出來的點心滋味比較濃郁，質地也較結實。由於酪梨放在冰箱不僅會加重土味，質地也不會像原本那樣光滑細膩，所以我不建議用存放在冰箱裡的酪梨作爲食材。

布朗尼巧克力餅 Brookies

分量：16人份

布朗尼巧克力餅？沒錯，就是巧克力片餅乾上放著香濃潤澤的布朗尼蛋糕。這份食譜不僅是我最初為「營養資訊城」研發的諸多食譜之一，在我部落格還有百萬次瀏覽記錄，所以它在我心中占有一席之地。儘管這份食譜分為兩個部分，看起來可能有些複雜，但實際上作起來卻一點也不麻煩。這道美味的甜點其實一小時內就可備妥，之後就讓孩子們帶出去分享給大家吧！

備料時間：25分鐘　烹調時間：15分鐘

材料：

點心底部的巧克力片餅乾：

粗杏仁粉**1杯**

無麩質燕麥粉**1杯**

純素迷你巧克力片**1/3杯**

椰糖**2湯匙**

小蘇打**1/2茶匙**

細磨海鹽**1/4茶匙**

腰果醬或杏仁醬**3湯匙**（須先融化）

椰子油**2湯匙**（須先融化）

椰子花蜜、楓糖漿，或者是糙米糖漿**2湯匙**

香草精**1湯匙**

巧克力片餅乾上面的布朗尼蛋糕：

粗杏仁粉**1/3杯**

無麩質燕麥粉**1/3杯**

不加糖或甜味劑的可可粉**1/3杯**

細磨海鹽**1/4茶匙**

備註

─測量無麩質穀粉時所用的技巧，請見本書第12頁。

1. 製作點心底部的巧克力片餅乾：烤箱先預熱至攝氏180度左右，並以胡桃油、葡萄籽油，或者是酪梨油，稍微塗抹烤盤。之後在中型碗裡添加粗杏仁粉、燕麥粉、純素迷你巧克力片、椰糖、小蘇打與海鹽，以木匙充分混合。

2. 在可微波小碗放進堅果醬與椰子油，並將微波爐火力調為中小火，用它加熱堅果醬與椰子油45秒，藉以融化食材。要是沒有微波爐，也可以將小型附蓋長柄湯鍋放在爐子上，以小火加熱。

3. 在融化的腰果醬與椰子油裡添加椰子花蜜和香草精攪拌混合。

椰子油3湯匙

椰子花蜜、楓糖漿，或者是糙米糖漿1/4杯

不加糖或甜味劑的植物奶3湯匙（本食譜使用腰果奶）

香草精1湯匙

4. 以木匙將液體食材混入乾燥食材。要是你難以充分混合所有食材，不妨像製作派皮那樣，用木匙做出宛如將食材切為薄片的舉動，藉此混合食材製成麵團。當食材已充分混合，製成的麵團除了質地乾燥，還會像全麥餅乾派皮那樣容易碎成小塊。但你將麵團放在兩指間擠壓，它應該會黏在一起。接著將混合後的食材放在塗了油的烤盤上壓得密實，準備用來做成餅皮。

5. 製作巧克力片餅乾上面的布朗尼蛋糕：在中型碗裡放進粗杏仁粉、燕麥粉、可可粉與海鹽，以木匙充分混合。

6. 在可微波小碗中添加椰子油，再以微波爐用中小火加熱，融化碗裡的油。如果不用微波爐融化椰子油，就將它加進小型附蓋長柄湯鍋，放在爐子上以小火加熱。之後用木匙在椰子油裡混合前述乾燥食材，形成稀稀的巧克力糊。

7. 在小碗中加入椰子花蜜、植物奶和香草精攪打均勻。之後添加巧克力糊，並混合所有食材，做成準備用來做布朗尼蛋糕的麵糊。

8. 將麵糊倒在作為點心底部的巧克力片餅乾上，而且必須在餅乾餅皮上均勻延展開來。

9. 接下來以攝氏180度烤15分鐘。倘若以牙籤插入布朗尼巧克力餅中央，牙籤取出時沒有沾上任何東西，就是布朗尼巧克力餅已經烤好。此時從烤箱裡取出布朗尼巧克力餅，冷卻30分鐘左右，再以刀具切開。要延長保存時間的話，不妨將餅乾放進密封容器，置於冰箱可保存5~7天。

免烤巧克力布朗尼乳酪蛋糕 No-Bake Chocolate Chip Brownie Cheesecake

分量：12片

食材裡完全不用乳酪，做得出乳酪蛋糕嗎？誰會不喜歡挑戰呢？要證明奶類與奶類製品沒道理非在你的飲食中占有一席之地不可，這份食譜就是明證。它能夠證實，吃蔬食也能體驗甜點所帶來的口感、滋味和各種樂趣。和傳統食譜製成的乳酪蛋糕相比，依這份食譜製成的「乳酪蛋糕」不僅同樣令人垂涎，同時也和傳統版本一樣濃郁順口，會讓你愛不釋口。加上巧克力豆蛋糕的濃烈香甜，和布朗尼餅皮含有的巧克力融為一體，簡直就是極品！

備料時間：30分鐘　烹調時間：無

材料：

椰棗1杯（切碎）

黃金葡萄乾1/4杯

粗杏仁粉1又1/2杯

不加糖或甜味劑的可可粉1/2杯

香草精1湯匙加2茶匙

細磨海鹽1/2茶匙

末經加工處理的腰果1又1/2杯（須先浸泡）

椰子油1/3杯（須先融化）

椰子花蜜1/3杯（可以用楓糖漿取代，但做成的蛋糕風味會稍有變化）

不加糖或甜味劑的腰果奶，或者是其他味道清淡的植物奶1/4杯

檸檬汁1湯匙加2茶匙

香草精1茶匙

椰糖2湯匙

細磨海鹽1/4茶匙

純素迷你巧克力片1/2杯（若想在蛋糕上淋巧克力，不妨多準備1/3杯）

備註

－ 浸泡腰果的相關技巧請見本書第17頁。

－ 食譜裡列出備料與烹調時間合計，不包括冷凍蛋糕的時間。

烤模：
雖然我用活動式蛋糕烤模，但也可以用一般蛋糕烤模代替。要是希望做出來的蛋糕質地比較濃密，可以用比較小的蛋糕烤模。

－ 測量無麩質穀粉時所用的技巧，請見本書第12頁。

1. 先以胡桃油或葡萄籽油稍微塗抹直徑為20公分的一般蛋糕烤模，或者是23公分左右的活動式蛋糕烤模，然後靜置一旁。之後在小碗裡加進椰棗和黃金葡萄乾，浸泡在熱水裡大約5分鐘。

2. 瀝乾椰棗和葡萄乾，放進食物調理機攪拌為糊狀，但其中仍有一些椰棗或葡萄乾碎塊。攪拌過程中需要刮淨調理杯內側，就暫停攪拌。之後添加粗杏仁粉、可可粉、1湯匙又2茶匙香草精，以及1/2茶匙海鹽，將食材攪拌為球狀麵團。攪拌過程中如需刮淨調理杯內側，就再次暫停攪拌。

3.從食物調理機取出麵團，放在抹了油的蛋糕烤模上壓平，而且必須讓麵團延展開來，覆蓋整個烤模底部。然後將烤模放進冷凍櫃，做成乳酪蛋糕餅皮。冷凍食材期間，同時製作乳酪蛋糕餡料。

4.在食物調理機放入腰果攪成碎塊，再加進椰子油、椰子花蜜和腰果奶，攪拌至食材質地滑順。之後添加檸檬汁、1茶匙香草精、椰糖，以及1/4茶匙海鹽，攪拌至所有食材徹底混合，製成乳酪蛋糕餡料。隨後將蛋糕餡料移至攪拌碗，拌入巧克力片。接著從冷凍櫃取出乳酪蛋糕餅皮，將餡料倒在餅皮上，再用抹刀讓餅皮上的餡料均勻延展開來。然後為蛋糕烤模蓋上蓋子，放進冷凍櫃至少3~4小時。

5.想為蛋糕淋上巧克力醬，此時須先將巧克力片放入可微波小碗中，再用微波爐以中小火加熱融化。否則也可以用小型附蓋長柄湯鍋，在爐子上以小火融化。之後用茶匙將巧克力淋在蛋糕上，再將蛋糕放回冷凍櫃5分鐘，讓蛋糕上的淋醬定型。

6.準備端上蛋糕時，就從冷凍櫃取出蛋糕，端上餐桌享用。若希望蛋糕口感較軟，不妨先在室溫下靜置20分鐘左右。

香濃潤澤的巧克力蛋糕 Fudgy Chocolate Cake

分量：12片

每個人在生活中幾乎都渴望某些事物，像是披薩、漢堡，以及……巧克力蛋糕。這種德式蛋糕香甜柔滑，而且做法很簡單，做出來的蛋糕外觀也優美雅緻。儘管這種蛋糕如此潤澤，又那麼美味，本身就令人驚歎，不過要是在上面另外添加你選的配料，它也能與配料搭配得宜。隨我建議不妨我們之後會提到的楓糖焦糖醬來搭配。

備料時間：15分鐘　烹調時間：55分鐘

材料：

粗杏仁粉1又1/2杯

無麩質燕麥粉1又1/2杯

椰糖1杯

不加糖或甜味劑的可可粉6湯匙

小蘇打2茶匙

鹽1又1/2茶匙

帝王椰棗2/3杯（去核後剖為3等分）

蘋果醬1/2杯

胡桃油3/4杯

蘋果醋2湯匙

香草精1湯匙

冷水1又1/2杯

楓糖焦糖醬（加或不加均可）

純素奶油抹醬1湯匙

腰果醬1湯匙

楓糖漿1茶匙

香草精1茶匙

備註

－測量無麩質穀粉時所用的技巧，請見本書第12頁。

1. 烤箱先預熱至攝氏200度。

2. 在中型攪拌碗加進6種乾燥食材，並以木匙、不鏽鋼攪拌器，或者是攪拌器充分混合。

3. 以小碗用熱水浸泡椰棗5分鐘。這麼做會讓乾燥水果碾壓成泥的過程中變得比較容易碎裂。接著瀝乾椰棗上的水分，再放入食物調理機或高速調理機，並添加蘋果醬，然後將食材攪拌成泥，而且質地滑順。蘋果醬，然後將食材攪拌成泥，而且質地滑順。

4. 在乾燥食材中央挖個洞，再加進蘋果醬椰棗泥，以及胡桃油、蘋果醋、香草精與冷水。

5. 隨後用攪拌器以中速充分攪拌約2分鐘，讓食材質地變得滑順。

6. 將食材倒入沒有塗抹油脂的中空蛋糕烤模，烤大約50~55分鐘。蛋糕烤好時，表面應該會稍微有點鬆脆，而且用牙籤插入蛋糕中央，牙籤取出時只會沾上少量碎屑，否則就是什麼也沒沾上。

7.接下來讓蛋糕在烤模中冷卻10~15分鐘，再取出蛋糕，放在金屬架上約1小時，讓蛋糕完全冷卻。

8.要是想為蛋糕淋上楓糖焦糖醬，不妨接著著手製作。此時必須在小型湯鍋加進純素奶油與腰果醬，再將鍋子放上爐子，以小火加熱融化食材。接著添加楓糖漿與香草精，以湯匙充分混合製成淋醬。之後趁淋醬還溫熱時淋上蛋糕。

奶油酪梨牛奶糖 Creamy Avocado Fudge

分量：25塊（每塊大小約為2.5公分）

在成長過程中，我一直都很鍾愛我媽媽做的手工牛奶糖。儘管在食材上，這份食譜和傳統牛奶糖食譜有天壤之別，但它的滋味不僅和傳統牛奶糖完全一樣，還可以說簡直毫無二致。作為一個講究牛奶糖口味是否純正的人，我保證這種精緻美味卻簡單純粹的甜點，絕對不缺巧克力帶給人的那種歡愉。況且這種牛奶糖裡，還有宛如含有奶油般的酪梨，所以吃這種點心雖然是在縱容自己，卻也比較健康！

備料時間：15分鐘　烹調時間：5~10分鐘

材料：

哈斯酪梨1/2杯或約1大顆（去核後削皮）

純素黑巧克力片，或者是純素半糖巧克力片1又1/4杯

香草精1又1/2茶匙

椰糖1/2杯

不加糖或甜味劑的植物奶1/4杯（必須用味道清淡的植物奶）

純素奶油1湯匙

1. 先在食物調理機或高速調理機放入酪梨攪拌成泥。如果不用機器處理食材，也可以親手將酪梨搗壓成泥，但必須盡量壓得質地滑順。之後將酪梨果泥放進小碗，靜置一旁。

2. 以中型攪拌碗混合巧克力片與香草精，然後靜置一旁。

3. 將椰糖與植物奶加進小型附蓋長柄湯鍋攪打均勻後，在鍋裡添加純素奶油，再以中火加熱到食材即將沸騰，而且烹煮過程中必須持續攪打。如此烹煮攪打3分鐘混合鍋裡食材，再加進酪梨，而且加酪梨時除了要一次加1湯匙，也得同時攪打，讓酪梨能幾乎完全與鍋裡的其他食材混合。等鍋裡的混合食材質地變得滑順，就讓鍋子離火。

4. 將已經混合其他食材的酪梨倒在巧克力片與香草精上，再以湯匙充分攪拌，讓食材能完全混合，質地也變得滑順，準備用來做牛奶糖。這個步驟可能會花幾分鐘。

祕訣：執行步驟5時，讓製作牛奶糖用的混合食材在烤盤中延展開來之後，不妨在食材表面加些好玩的配料，像是水果乾與堅果。此時我特別喜歡加的配料，包括額外多加些巧克力片，以及加點胡桃。

5.將準備用來做牛奶糖的混合食材倒進長寬均爲13公分左右的不沾烤盤，或者是已經稍微塗抹油脂的烤盤裡。若要爲烤盤抹點油，可以用酪梨油或葡萄籽油。之後讓做牛奶糖用的食材在烤盤裡均勻延展開來，同時以抹刀讓食材表面變得平整，之後讓食材在室溫下靜置。等食材冷卻，就爲烤盤覆上烤盤紙，放進冰箱8小時以上，讓食材質地變硬。要是不將做牛奶糖用的食材放進冰箱，爲了可以加速食材變硬，也可以放入冷凍櫃。

杏仁醬可可杯 Cocoa Almond Butter Cups

分量：24人份

以前我很愛吃花生巧克力杯，但它的精製糖總含量最後總會在我身上形成災難。所以當初動念研發無麩質蔬食食譜，我就知道自己得複製出傳統的花生巧克力杯，而這種甜點所帶來的甜蜜歡愉，就是我這麼做的成果——它將香甜耐嚼的可可蛋糕，裹進柔滑細膩的杏仁醬裡，表面再覆上少量巧克力，堪稱甜味與鹹味的絕妙平衡。更別提它不用烘烤，也未經加工處理，也很適合派對聚餐！

備料時間：20分鐘　烹調時間：無

材料：

粗杏仁粉1又1/2杯（裝進量杯時，必須稍微壓得緊實一點）

已經去核的帝王椰棗1杯（裝進量杯時，必須稍微壓得緊實一點）

不加糖或甜味劑的可可粉1/2杯

香草精1湯匙加1又1/2茶匙（烹調過程中在不同步驟分別添加）

杏仁醬1/2杯

楓糖漿1湯匙

細磨海鹽1/4茶匙（如果想多加些海鹽，可以再額外多準備一點）

純素巧克力片1/2杯

備註

—這裡列出的備料時間，不包含冷凍凝固食材需要的時間。

—測量無麩質穀粉時所用的技巧，請見本書第12頁。

1. 先以食物調理機混合粗杏仁粉和椰棗。過程中如需刮淨調理杯內側，不妨暫停攪拌。攪拌至食材充分混勻，椰棗也才都碎裂開來之後，加入可可粉並再度混合所有食材，用來做點心的巧克力基底。接著添加1湯匙香草精，攪拌至食材混合均勻，開始凝結成塊。

2. 舀1湯匙用來做巧克力基底的食材，在手掌中揉成球狀，再將它放進不沾迷你瑪芬烤盤的烤模裡往下壓平，讓它能沿著烤模底部與側邊均勻延展開來。將食材壓進烤盤時，我用圓形湯匙的匙底。之後繼續以食材填滿烤模，再將烤盤放進冷凍櫃，並在冷凍食材期間製作點心餡料。

3. 製作點心餡料：此時如果有做巧克力基底用的食材殘留在調理杯，就得先徹底擦淨。接著在食物調理機加進杏仁醬與楓糖漿攪拌混合。然後加1又1/2茶匙香草精，再加進海鹽，攪拌至徹底混合，而且過程中必須刮淨調理杯內側。之後先嚐嚐滋味。若希望做出來的點心餡料比較鹹或比較甜，不妨再額外再加點海鹽或楓糖漿。

4. 從冷凍櫃取出迷你瑪芬烤盤，並在每個巧克力基底上放1茶匙點心餡料，再以茶匙匙底弄平表面。隨後將烤盤放回冷凍櫃。

5. 用可微波小碗以微波爐用中小火融化巧克力片，或者是將巧克力放進小型附蓋長柄湯鍋，將鍋子放上爐子以小火加熱融化。然後從冷凍櫃取出迷你瑪芬烤盤，舀1茶匙已經融化的巧克力片，放在每個烤模的點心上。之後冷凍約20分鐘，讓點心上的巧克力變硬。這些饗宴般的點心既能冰鎮享用，也可以恢復為室溫再吃。做好的點心放進密封容器，置於冰箱可保存1週。

冤烤松露一口酥 Indulgent No-Bake Truffle Bites

分量：25個（每個大小約為3.8公分）

 無油 無大豆

許多年前，要是我看到餐桌上有一盒Godiva金裝禮盒巧克力系列產品，它就會像磁鐵一樣把我吸往餐桌。如今我還是會偶爾放縱一下，享受美味甜食，不過這種松露一口酥讓人在享受之餘還完全不用吃下奶油與精製糖。

備料時間：20分鐘　烹調時間：無

材料：

去核的完整帝王椰棗1/2杯（裝進量杯時必須壓實。分量約為9大顆椰棗）

未經加工處理的腰果1/2杯（須先浸泡）

粗杏仁粉1/2杯

椰子粉1/4杯

美國山核桃1/4杯

不加糖或甜味劑的植物奶1/4杯

椰糖3湯匙

金黃亞麻籽粉2湯匙

楓糖漿2湯匙

杏仁醬或腰果醬2湯匙

香草精1又1/2茶匙（烹調過程中在不同步驟分別添加）

細磨海鹽1/8茶匙

椰片1/2杯

純素巧克力片1杯（烹調過程中在不同步驟分別添加，且須先融化）

備註

— 浸泡腰果的相關技巧請見本書第17頁。以這份食譜來說，我建議採快速浸泡。除此之外，腰果可以和椰棗同時浸泡。

— 測量無麩質穀粉時所用的技巧，請見本書第12頁。

1. 先在烤盤鋪上烤盤紙，否則也可以用胡桃油或椰子油，為烤盤稍微抹點油。

2. 將椰棗放進小碗後，用很燙的水覆蓋椰棗，浸泡約30分鐘。浸泡椰棗期間，可以同時浸泡腰果。椰棗經處理後能使用時，會變得極軟。雖然只有腰果浸泡後需要沖洗，但浸泡後的腰果和椰棗都必須瀝乾。

3. 浸泡椰棗的過程中，同時在食物調理機放入粗杏仁粉、椰子粉、美國山核桃、植物奶、椰糖、金黃亞麻籽粉、楓糖漿、堅果醬、1/2茶匙香草精，以及海鹽，攪拌至完全混合。接著將食材移至長寬均為20公分左右的烤盤裡壓平，讓它蓋住烤盤底部，做成一口酥的餅皮。之後靜置一旁。

4.在食物調理機放進腰果和椰棗、椰片,以及剩餘的1茶匙香草精,攪拌約3~5分鐘,讓食材質地變得滑順。攪拌過程中如有需要,必須刮淨調理杯內側。

5.用可微波小碗以微波爐用中小火融化1/2杯巧克力片。否則也可以將巧克力片放進小型附蓋長柄湯鍋,放上爐子以小火加熱融化。接著讓巧克力在餅皮上均勻延展開來,而且必須讓它變硬定型。如果需要的話,此時可將烤盤放入冰箱幾分鐘,為巧克力定型。然後在巧克力上,再均勻鋪上腰果和椰棗混合後的食材。接下來融化剩餘1/2杯巧克力片鋪在食材最上面之後,將烤盤放進冰箱約1小時,讓每一層食材質地都能變得堅實。隨後將冰鎮過的食材切為25塊,端上餐桌享用。吃剩的一口酥放進密封容器,置於冰箱可保存1週,放入冷凍櫃的話,最多可保存2個月。

免烤檸檬乳酪蛋糕 Luscious No-Bake Lemon Cheesecake

分量：12人份

檸檬馥郁甜美的香調，落在金黃色奶油餅乾製成的蛋糕餅皮上，形成這種如夢似幻，又能取悅感官的乳酪蛋糕。它大小適宜，每個人都能單獨品嚐一份。無論要在晚宴聚會端上桌，或是看完午夜場想找點美食款待自己，它的分量都讓人輕鬆無負擔。

備料時間：25分鐘　烹調時間：無

材料：

未經加工處理的腰果1又1/2杯（須先浸泡）

去核的帝王椰棗3大顆

粗杏仁粉1杯

無麩質燕麥粉1杯

細磨海鹽1/2茶匙（烹調過程中在不同步驟分別添加）

精製椰子油2湯匙（須先融化）

椰子花蜜四湯匙（也可用楓糖漿取代，請見備註欄說明）

香草精1湯匙（烹調過程中在不同步驟分別添加）

不加糖或甜味劑的植物奶1/4杯（本食譜使用腰果奶）

檸檬汁1/4杯加1湯匙

檸檬皮3/4茶匙

祕訣：椰子花蜜和精製椰子油，都不會為這道點心增添絲毫椰子味。

備註

－浸泡腰果的相關技巧請見本書第17頁。未經加工處理的杏仁浸泡後，可用來取代腰果。只是杏仁浸泡後必須去皮，而且以杏仁作為食材製成的蛋糕整體來說，風味不會那麼像食材中彷彿含有奶油。

　替代品：
楓糖漿可取代椰子花蜜，不過做出來蛋糕會增添幾分楓糖味。

－測量無麩質穀粉時所用的技巧，請見本書第12頁。

1. **製作蛋糕餅皮**：沖洗浸泡後的腰果5分鐘前，須先將椰棗單獨放入另一個小碗，並在浸泡腰果的同時，以熱水浸泡椰棗。椰棗浸泡後不必沖洗，但需瀝乾。

2. 在食物調理機放進粗杏仁粉、燕麥粉、椰棗，以及1/4茶匙海鹽攪拌混合。

3. 在小碗中添加融化的椰子油、2湯匙椰子花蜜，以及2茶匙香草精，攪打或攪拌後加進食物調理機裡的乾燥食材。接著混合所有食材拌匀，而且拌匀後的食材質地很容易就碎成小塊，準備用來做蛋糕餅皮。

4.在總數爲12格的不沾瑪芬烤盤,或者是已經(以椰子油)稍微塗抹的瑪芬烤盤中,爲每格烤模放進2湯匙用來做蛋糕餅皮的混合食材。接著將食材往下壓,讓它能均勻牢固覆蓋烤模底部。如果餅皮用的食材有剩,可拿來作爲蛋糕上的配料。隨後冷凍餅皮,並在這段期間製作蛋糕餡料。

5.**製作蛋糕餡料**:先在食物調理機加入浸泡後的腰果、2湯匙椰子花蜜、植物奶、檸檬汁、1茶匙香草精、檸檬皮,以及1/4茶匙海鹽,攪拌約4~5分鐘,讓食材質地變得滑順。爲了刮淨調理杯內側,攪拌過程中必須偶爾暫停。

6.接著從冷凍櫃取出瑪芬烤盤,在每格烤模裡添加2又1/2湯匙蛋糕餡料,而且必須讓餡料表面變得均勻平滑,做成檸檬乳酪蛋糕。之後將先前製作餅皮用的剩餘食材撒在每個乳酪蛋糕上,再將蛋糕放入冷凍櫃,冷凍約2~3小時,使蛋糕定型。等檸檬乳酪蛋糕定型,就立即用奶油刀輕輕脫模取出。要是冷凍後的蛋糕不易脫模,靜置5分鐘,隨後就可取出。做好的檸檬乳酪蛋糕放入密封容器,必須保存在冷凍櫃裡,如此一來,可存放3~4週。這種蛋糕可以從冷凍櫃取出後直接上桌,也可以稍候幾分鐘,等蛋糕變軟再吃。

巧克力片餅乾 Chocolate Chip Cookies

分量：18塊（每塊大小約為5公分）

說實話，巧克力片餅乾不僅是餅乾，還是一種體驗。這是為什麼通常吃巧克力片餅乾都最好一小口一小口吃。為了不用牛奶和奶油作為食材，就能有最棒的酥脆外殼和耐嚼的餅乾內餡，我試驗了無數次才研發出這份完美的食譜。這種餅乾含有北美白腰豆、燕麥和番薯，所以蛋白質含量無比豐沛，而這也是它最大的特色。以這種巧克力片餅乾款待自己，可以讓你覺得吃東西是美好的事，還能送給孩子當作禮物！

備料時間：15分鐘（不包含烤番薯需要的時間）　　烹調時間：每盤10分鐘

材料：

金黃亞麻籽粉**1**湯匙

濾過的水**3**湯匙

北美白腰豆**1**杯（必須洗淨後瀝乾）

無麩質燕麥**1/2**杯

白米粉**1/2**杯

泡打粉**2**茶匙

細磨海鹽**1/2**茶匙

肉桂**1/2**茶匙

烤熟的番薯搗壓成泥**1/2**杯

椰糖**1/3**杯

不加糖或甜味劑的植物奶**2**湯匙

香草精**3**又**1/2**茶匙

蘋果醋**2**茶匙

純素迷你巧克力片**1/2**杯加**1/4**杯（**1/4**杯是用來撒在餅乾上，加或不加均可）

備註

—事前準備：以這份食譜來說，番薯需要先烤熟後，搗成1/2杯番薯泥。番薯可以提前一天烤好，放進冰箱備用。

—測量無麩質穀粉時所用的技巧，請見本書第12頁。

1. 先在小碗中加進金黃亞麻籽粉和3湯匙濾過的水，攪打混合後靜置一旁。

2. 在食物調理機放進北美白腰豆、燕麥、白米粉、泡打粉、海鹽與肉桂攪拌混合。

3. 接著在食物調理機添加亞麻蛋（也就是金黃亞麻籽粉和水的混合物）、番薯、椰糖、植物奶、香草精和蘋果醋，攪拌至食材質地變得滑順，製成麵團。之後再加進巧克力片強力攪打，讓巧克力片都能混入麵團裡。攪打過程中，某些巧克力片也許會因此破碎。如果不用食物調理機執行這項程序，也可以將麵團移至攪拌碗，再以木匙拌入巧克力片。隨後將麵團放進冰箱15~20分鐘。

4.將烤箱預熱至攝氏180度左右，並爲金屬烤盤鋪上烤盤紙。

5.用兩支湯匙分出2湯匙麵團，再將麵團揉成球狀，放在金屬烤盤上壓平，使它成爲厚度約1.6公分的餅乾模樣。烤盤上的餅乾麵團與麵團之間，必須相隔至少2.5公分。要是希望烤出來的餅乾表面平滑，烘烤前不妨先將指尖浸入冷水，再以指尖撫平麵團表面。倘若希望餅乾上能有巧克力片，此時不妨在麵團表面撒些巧克力片輕輕壓入麵團。之後烤8~10分鐘。如果烤更久的話，烤出來的餅乾裡面雖然柔軟，外面卻會變得酥脆。隨後從烤箱取出金屬烤盤，放在烘培冷卻架上。2分鐘後，再從金屬烤盤上拿起餅乾，放在烘培冷卻架上，讓餅乾完全冷卻。烤好的餅乾放進密封容器，可保存2~3天，如果放入冷凍櫃，可存放1個月。

祕訣：北美白腰豆滋味非常清淡，質地也宛如含有奶油般柔滑細膩。若要以其他食材取代，應該可以用風味清淡的白腰豆作爲食材，例如白豆。

致謝

這本書的成果，絕不是一個人就做得到。為了完成你手中這整本書，過程中有那麼多的人，都將自己的天賦和努力奉獻給它，也令我為此感到汗顏。所以我必須致謝的人不計其數。

謝謝我的讀者。你們都是令人驚歎的啦啦隊員，也都是我的朋友。你們對我的食譜抱持的熱情，以及你們動人的故事都激勵了我，讓我能藉此創作這本書。謝謝你們。

謝謝我珍愛的朋友和家庭成員。你們除了無條件支持我，也給了我無限的強烈情感。你們永遠都不知道我有多麼感謝你們。

我的經紀人潘蜜拉·哈蒂（Pamela Harty）承接這項出版計畫時，不但表現得那麼熱情，在這本書的出版過程中，她也從頭到尾都巧妙引導我，所以在此獻上我永恆的謝意——沒有妳的引領和智慧，我不可能出版這本書。同時也謝謝奈特版權代理公司（Knight Agency）的戴德麗·奈特（Deidre Knight），以及這家公司所有了不起的工作人員。

能與史特林出版公司（Sterling Publishing）技藝超群的全體工作人員合作，是我的榮幸。謝謝我的編輯詹姆斯·傑約（James Jayo）——我永遠感謝你讓這個夢想成真，也謝謝你與我分享你眼中所見。同時感謝妮可·費雪（Nicole Fisher）——由妳承擔這項計畫，令我感到我有多麼幸運，妳的敏銳眼光和熱心建議，都使這本書的魅力顯著提高，況且妳就像蛋糕上的蔬食糖霜，讓人樂於和妳共事！在此也謝謝珍妮佛·威廉斯（Jennifer Williams）——除了謝謝妳具有感染力的熱情，也謝謝妳大權在握，對於工作上該留意的點點滴滴，卻毫無疏失。對我聰慧有才的專案編輯漢娜·瑞奇（Hannah Reich）、審稿者金柏莉·柏德瑞克（Kimberly Broderick），以及攝影指導克里斯·貝恩（Chris Bain），我也同樣滿懷謝意。在此同時，也謝謝雪儂·普倫科特（Shannon Plunkett）讓這本書的內頁設計與排版都那麼出色，並謝謝伊麗莎白·林蒂（Elizabeth Lindy）和大衛·特爾－亞文艾斯恩（DavidTer-Avanesyan）為這本書設計封面。

謝謝提姆·柯本（Tim Coburn）和詹姆士·康威爾（James Cornwell）讓作者照片拍攝那天，成為那麼有樂趣的一天。

謝謝我的盟友理查·托雷格羅薩（Richard Torregrossa）除了保護我，還耐心回答我提出的許多出版相關問題。

特別感謝我的母親貝弗莉·史邁比

（Beverly Smeby）。她相信我什麼都做得到，也長久不懈地擔任我食譜的首席測試人員。同時謝謝我的兄弟大衛·魯道夫（David Rudolph）。他與我跨洲進行無數次腦力激盪會議，而且對這個計畫由衷興奮，並真誠鼓勵我。

我全心全意感謝我的丈夫大衛。他在我爲了讓腦袋裡的點子能躍然紙上，而使勁苦苦掙扎之際，與我分享他的寫作才能，以及他嫻熟的編輯技巧。除此之外，他助我一臂之力，藉此協助這項出版計畫能順利進行的其他方式，像是他回到家，廚房水槽卻堆著一疊餐具有待清洗，而他與我分享他的清洗餐具技巧，甚至是他不餓時，卻反覆品嚐某道食譜製成的餐點十五次，這些也全都令我感激不已。你的幫助對這本書的誕生，可說是不可或缺。

最後，謝謝我的兒子和女兒，也就是雅各與梅根。你們每天都和我一起置身火線，從長期一團混亂的廚房，到你們向我提出問題，我卻數小時分身乏術沒有回答，你們始終都在。謝謝我的攝影特助雅各，沒有你的話，我的淋醬就做不成。同時也謝謝我超級棒的試味員梅根，要是妳不願嘗試，我做出的所有餐點，都會與今日大家嚐到的不同。我愛你們倆的程度難以言喻。因爲有你們，我的內心才會豐盈完整。

資料來源

Barnard, Neal. Dr. Neal Barnard's Program for Reversing Diabetes: The Scientifically Proven System for Reversing Diabetes Without Drugs. New York: Rodale Books, Revised edition, 2018.

—. The Cheese Trap. New York: Grand Central Publishing, 2017.

Campbell, T. Colin and Campbell II, Thomas M. The China Study. Texas: BenBella Books, Inc., 2004.

Celiac Disease Foundation. https://celiac.org.

Davis, William. Wheat Belly. New York: Rodale, 2011.

Esselstyn Jr., Caldwell B. Prevent and Reverse Heart Disease: The Revolutionary, Scientifically Proven, Nutrition-Based Cure. New York: Penguin Group, 2008.

FoodData Central. https://fdc.nal.usda.gov/index.html.

Fratoni, Valentina and Maria Luisa Brandi. "B Vitamins, Homocysteine and Bone Health." Nutrients. April 7, 2015. https://www.ncbi.nlm.nih.gov/pmc/articles/PMC4425139/.

Fuhrman, Joel. "ANDI Food Scores: Rating the Nutrient Density of Foods." DrFuhrman.com. March 16, 2017. https://www.drfuhrman.com/get-started/eat-to-live-blog/128/andi-food-scores-rating-the-nutrient-density-of-foods.

Hyman, Mark, 10-Day Detox Diet. New York: Little, Brown and Company, 2014.

Miao, M, B Jiang, S W Cui, T Zhang, and Z Jin. "Slowly digestible starch—a review." Critical Reviews in Food Science and Nutrition. 2015. https://www.ncbi.nlm.nih.gov/pubmed/24915311.

Naidoo, Uma. "Nutritional Strategies to Ease Anxiety." Harvard Health Publishing. April 13, 2016. https://www.health.harvard.edu/blog/nutritional-strategies-to-ease-anxiety-201604139441.

Venn, B J and Mann, J I. "Cereal grains, legumes and diabetes." European Journal of Clinical Nutrition. November 2004. https://www.ncbi.nlm.nih.gov/pubmed/15162131.

Vinoy, Sophie, Martine Laville, and Edith J M Feskens. "Slow-release carbohydrates: growing evidence on metabolic responses and public health interest." Food and Nutrition Research. 2016. https://www.ncbi.nlm.nih.gov/pmc/articles/PMC4933791/.

Wallace, Taylor C., Robert Murray, and Kathleen M. Zelman. "The Nutritional Value and Health Benefits of Chickpeas and Hummus." Nutrients. December 2016. https://www.ncbi.nlm.nih.gov/pmc/articles/PMC5188421/.

BF7111

100%全植蔬食饗宴

蔬食營養專家量身打造，逾100道植物性、無麩質、無精製糖西式料理

Eat Well, Be Well:100+ Healthy Re-creations of the Food You Crave

作者 / 嘉娜．克里斯托法諾（Jana Cristofano）
企劃選書．責任編輯 / 韋孟岑
譯者 / 陳文怡
版權 / 黃淑敏、吳亭儀、江欣瑜
行銷業務 / 黃崇華、張媖茜、賴正祐
總編輯 / 何宜珍
總經理 / 彭之琬
事業群總經理 / 黃淑貞
發行人 / 何飛鵬

法律顧問 / 元禾法律事務所 王子文律師
出版 / 商周出版
　　臺北市104中山區民生東路二段141號9樓
　　電話：(02) 2500-7008　傳真：(02) 2500-7759
　　E-mail：bwp.service@cite.com.tw
　　Blog：http://bwp25007008.pixnet.net./blog
發行 / 英屬蓋曼群島商家庭傳媒股份有限公司城邦分公司
　　臺北市104 中山區民生東路二段141號2樓
　　書虫客服專線：(02)2500-7718、(02) 2500-7719
　　服務時間：週一至週五上午09:30-12:00；下午13:30-17:00
　　24小時傳真專線：(02) 2500-1990；(02) 2500-1991
　　劃撥帳號：19863813　戶名：書虫股份有限公司
　　讀者服務信箱：service@readingclub.com.tw
　　城邦讀書花園：www.cite.com.tw
香港發行所 / 城邦（香港）出版集團有限公司
　　香港灣仔駱克道193號超商業中心1樓
　　電話：(852) 25086231 傳真：(852) 25789337
　　E-mailL：hkcite@biznetvigator.com
馬新發行所 / 城邦(馬新) 出版集團【Cité (M) Sdn. Bhd】
　　41, Jalan Radin Anum, Bandar Baru Sri Petaling,
　　57000 Kuala Lumpur, Malaysia.
　　電話：(603)90578822　傳真：(603)90576622
　　E-mail：cite@cite.com.my
美術設計 / Copy
印刷 / 卡樂彩色製版印刷有限公司
經銷商 / 聯合發行股份有限公司　電話：(02)2917-8022　傳真：(02)2911-0053
2021年（民110）12月14日初版
定價599元　著作權所有，翻印必究　城邦讀書花園
ISBN 978-626-318-069-7
ISBN 978-626-318-111-3（EPUB）

線上版讀者回函卡

國家圖書館出版品預行編目(CIP)資料

100%全植蔬食饗宴：蔬食營養專家量身打造,逾100道植物性、無麩質、無精製糖西式料理
嘉娜.克里斯托法諾(Jana Cristofano)著；陳文怡譯. -- 初版. --
臺北市：商周出版：英屬蓋曼群島商家庭傳媒股份有限公司城邦分公司發行, 民110.12　256面；18.7*23.5公分
譯自：Eat well, be well : 100+ healthy re-creations of the food you crave
ISBN 978-626-318-069-7(平裝)　1. 素食食譜　427.31　110018681